Akhilesh Kumar Yadav

Poluentes atmosféricos e seus efeitos

Akhilesh Kumar Yadav

Poluentes atmosféricos e seus efeitos

Imprint
Any brand names and product names mentioned in this book are subject to trademark, brand or patent protection and are trademarks or registered trademarks of their respective holders. The use of brand names, product names, common names, trade names, product descriptions etc. even without a particular marking in this work is in no way to be construed to mean that such names may be regarded as unrestricted in respect of trademark and brand protection legislation and could thus be used by anyone.

Cover image: www.ingimage.com

This book is a translation from the original published under ISBN 978-3-659-82339-8.

Publisher:
Sciencia Scripts
is a trademark of
Dodo Books Indian Ocean Ltd. and OmniScriptum S.R.L publishing group

120 High Road, East Finchley, London, N2 9ED, United Kingdom
Str. Armeneasca 28/1, office 1, Chisinau MD-2012, Republic of Moldova, Europe
Printed at: see last page
ISBN: 978-620-8-23516-1

Conteúdo

Agradecimentos 2

Resumo 3

Capítulo 1: Introdução dos poluentes atmosféricos 4

Capítulo 2: Fontes de poluentes atmosféricos... 10

Capítulo 3: Classificação dos poluentes atmosféricos................................. 13

Capítulo 4: Efeitos dos poluentes atmosféricos na saúde humana e na vegetação..... 24

Capítulo 5: Efeitos dos poluentes atmosféricos nas estruturas físicas e nos

materiais... 33

Capítulo 6: Controlo da poluição atmosférica 37

Referências 48

<u>AGRADECIMENTOS</u>

É muito comum constatar que a busca do conhecimento pelo homem nunca termina. Os conhecimentos teóricos e práticos são essenciais e complementares entre si. Expresso os meus sinceros agradecimentos ao Dr. Govind Pandey pelos seus contributos extremamente valiosos e oportunos, sem os quais o livro não teria sido concluído. Estou igualmente grato ao Diretor do Departamento de Engenharia Civil da Faculdade de Engenharia Madan Mohan Malaviya e ao Diretor da Faculdade de Engenharia Madan Mohan Malaviya, Gorakhpur.

Agradeço aos membros da minha família o amor e o apoio permanente que me deram durante muito tempo. Estou grato aos meus pais por me terem trazido até esta fase da vida. Ao mesmo tempo, não posso deixar de exprimir os meus sinceros agradecimentos às minhas primas e amigas, as senhoras Sanjana R. Yadav e Sanheeta R. Yadav, que me ajudaram em todas as fases.

Por último, mas não menos importante, gostaria de estender os meus sinceros agradecimentos e gratidão a todas as pessoas que, direta ou indiretamente, ajudaram a criar uma atmosfera agradável e inspiradora para a conclusão bem sucedida deste livro.

Estou grato a todos os que me inspiraram a trabalhar com toda a devoção, zelo e consistência.

(Akhilesh Kumar Yadav)

Resumo

Os poluentes atmosféricos tóxicos, também conhecidos como poluentes atmosféricos perigosos, são os poluentes que se sabe ou se suspeita causarem cancro ou outros efeitos graves para a saúde, tais como efeitos reprodutivos ou defeitos de nascença, ou efeitos ambientais adversos. A EPA está a trabalhar com os governos estatais, locais e tribais para reduzir as libertações de poluentes tóxicos do ar para o ambiente. Exemplos de poluentes atmosféricos tóxicos incluem o benzeno, que se encontra na gasolina; o percloretleno, que é emitido por algumas instalações de limpeza a seco; e o cloreto de metileno, que é utilizado como solvente e decapante por várias indústrias. Exemplos de outros tóxicos atmosféricos listados incluem a dioxina, o amianto, o tolueno e metais como o cádmio, o mercúrio, o crómio e os compostos de chumbo.

As pessoas expostas a poluentes atmosféricos tóxicos em concentrações e durações suficientes podem ter uma maior probabilidade de contrair cancro ou de sofrer outros efeitos graves para a saúde. Estes efeitos na saúde podem incluir danos no sistema imunitário, bem como problemas neurológicos, reprodutivos (por exemplo, redução da fertilidade), de desenvolvimento, respiratórios e outros. Para além da exposição à inalação de tóxicos atmosféricos, alguns poluentes atmosféricos tóxicos, como o mercúrio, podem depositar-se nos solos ou nas águas superficiais, onde são absorvidos pelas plantas e ingeridos pelos animais, acabando por se multiplicar ao longo da cadeia alimentar. Tal como os seres humanos, os animais podem ter problemas de saúde se forem expostos a quantidades suficientes de substâncias tóxicas atmosféricas ao longo do tempo.

Capítulo 1: Introdução dos poluentes atmosféricos

A poluição atmosférica é a introdução na atmosfera de substâncias químicas, partículas ou materiais biológicos que causam danos ou incómodo aos seres humanos ou a outros organismos vivos, ou que causam danos ao ambiente natural ou ao ambiente construído.

Os poluentes atmosféricos tóxicos são substâncias venenosas presentes no ar que provêm de fontes naturais (por exemplo, o gás radão que emerge do solo) ou de fontes artificiais (por exemplo, compostos químicos libertados pelas chaminés das fábricas) e que podem prejudicar o ambiente ou a sua saúde. A inalação (ou respiração) de poluentes atmosféricos tóxicos pode aumentar as probabilidades de ter problemas de saúde. Por exemplo, a inalação dos fumos de benzeno libertados quando se abastece o carro com gasolina pode aumentar as hipóteses de sofrer efeitos na saúde que têm sido associados à exposição ao benzeno.

A atmosfera é um sistema gasoso natural complexo e dinâmico, essencial para a manutenção da vida no planeta Terra. O empobrecimento do ozono estratosférico devido à poluição atmosférica é há muito reconhecido como uma ameaça para a saúde humana, bem como para os ecossistemas da Terra. Os problemas de poluição do ar são enfrentados pelos seres vivos através de actividades mineiras, actividades industriais, densidade populacional e tráfego (*Figura 1.1*). O aumento da poluição por partículas constitui um risco potencial para a saúde humana, especialmente para o sistema respiratório.

A atmosfera atual é bastante diferente da atmosfera natural que existia antes da Revolução Industrial, em termos de composição química. Se a atmosfera natural for considerada limpa, isso significa que o ar limpo não pode ser encontrado em parte alguma da atmosfera atual (*Quadro 1.1*).

Tabela 1.1: Composição química da atmosfera global natural pré-industrial

Gás	Símbolo	% em volume *(Atmosfera atual)*	µg/m³ *(Atmosfera natural)*	µg/m³ *(Atmosfera atual)*
Nitrogénio	N2	78.1	-	-
Oxigénio	O2	20.9	-	-
Árgon	Ar	0.92	-	-
Néon	Ne	-	18.2	-
Hélio	Ele	-	5.2	-
Krypton	Kr	-	1.14	-
Xénon	Xe	-	0.09	-
Dióxido de carbono	CO2	-	280.0	370.0
Metano	CH4	-	0.750	1.77
Óxido nitroso	N2O	-	0.270	0.318
Vapor de água	H2O	Variável (0,004 - 4)		

A definição de poluição atmosférica não é simples. Poder-se-ia afirmar que a poluição atmosférica começou quando o homem começou a queimar combustíveis. Por outras palavras, todas as emissões antropogénicas para a atmosfera podem ser designadas por poluição atmosférica, uma vez que alteram a composição química da atmosfera natural. O aumento das concentrações globais dos gases com efeito de estufa CO2, CH4 e N2O *(apresentados no quadro 1.1)* pode ser designado por poluição atmosférica com esta abordagem, apesar de as concentrações não terem sido consideradas tóxicas para os seres humanos e o ecossistema. É possível aperfeiçoar esta abordagem e considerar apenas as emissões antropogénicas de substâncias químicas nocivas como poluição atmosférica. A poluição atmosférica também pode afetar o clima da Terra. Diferentes tipos de poluentes afectam o clima de formas diferentes, dependendo das suas propriedades específicas e do tempo que permanecem na atmosfera. Qualquer poluente que afecte o equilíbrio energético da Terra é conhecido como um forçador climático.

Alguns forçadores climáticos absorvem energia e provocam o aquecimento do clima, enquanto outros reflectem os raios solares e impedem que essa energia chegue à superfície da Terra, provocando o arrefecimento do clima. Os forçadores climáticos podem ser gases ou aerossóis (gotículas sólidas ou líquidas suspensas no ar) ou incluir muitos poluentes atmosféricos tradicionais, como o ozono e diferentes tipos de poluição por partículas.

Figura 1.1: Emissões das indústrias

1.1 Poluentes atmosféricos

Uma substância presente no ar que pode causar danos aos seres humanos e ao ambiente é conhecida como um poluente atmosférico. Os poluentes podem apresentar-se sob a forma de partículas sólidas, gotículas líquidas ou gases. Para além disso, podem ser naturais ou produzidos pelo homem.

Os poluentes podem ser classificados como primários ou secundários. Normalmente, os poluentes primários são diretamente emitidos por um processo, como as cinzas de uma erupção vulcânica, o gás monóxido de carbono do escape de um veículo automóvel ou o dióxido de enxofre libertado pelas fábricas. Os poluentes secundários não são emitidos diretamente. Pelo contrário, formam-se no ar quando os poluentes primários reagem ou interagem. Um exemplo importante de um poluente secundário é o ozono ao nível do solo - um dos muitos poluentes secundários que constituem o smog fotoquímico. Alguns poluentes podem ser simultaneamente primários e secundários, ou seja, são emitidos diretamente e formados a partir de outros poluentes primários.

Os principais poluentes primários conhecidos por causarem danos em concentrações suficientemente elevadas são os seguintes:

1.1.1 Compostos de carbono, como o CO, o CO2, o CH4 e os COV:

Monóxido de carbono (CO): É um gás incolor, inodoro, não irritante mas muito venenoso. É um produto da combustão incompleta de combustíveis como o gás natural, o carvão ou a madeira. O escape dos veículos é uma das principais fontes de monóxido de carbono.

Dióxido de carbono (CO2): É um gás de estufa incolor, inodoro e não tóxico, também associado à acidificação dos oceanos, emitido por fontes como a combustão, a produção de cimento e a respiração. É reciclado na atmosfera através do ciclo do carbono.

Compostos orgânicos voláteis (COV): Os COV são um importante poluente do ar exterior. Neste domínio, são frequentemente divididos nas categorias separadas de metano (CH4) e não metano (NMVOCs). O metano é um gás com efeito de estufa extremamente eficiente que contribui para aumentar o aquecimento global. Outros COV de hidrocarbonetos são também gases com efeito de estufa significativos, devido ao seu papel na criação de ozono e no prolongamento da vida do metano na atmosfera, embora o efeito varie em função da qualidade do ar local. Entre os COVNM, os compostos aromáticos benzeno, tolueno e xileno são suspeitos de serem cancerígenos e podem provocar leucemia por exposição prolongada. O 3-butadieno é outro composto perigoso que está frequentemente associado a utilizações industriais.

1.1.2 Compostos de azoto, como o NO, N2O e NH3

Os dióxidos de azoto são emitidos por combustão a alta temperatura e também são produzidos naturalmente durante as trovoadas por descarga eléctrica. O dióxido de azoto é o composto químico com a fórmula NO2. É um dos vários óxidos de azoto. Este gás tóxico de cor castanho-avermelhada tem um odor caraterístico, forte e penetrante. O NO2 é um dos poluentes atmosféricos mais importantes.

1.1.3 Compostos de enxofre, como H2S e SO2

O dióxido de enxofre é um composto químico com a fórmula SO2. O SO2 é produzido por vulcões e em vários processos industriais. Uma vez que o carvão e o petróleo contêm frequentemente compostos de enxofre, a sua combustão gera dióxido de enxofre. A oxidação posterior do SO2, normalmente na presença de um catalisador como o NO2, forma H2SO4 e, consequentemente, chuva ácida. Esta é uma das causas de preocupação relativamente ao impacto ambiental da utilização destes combustíveis como fontes de energia.

1.1.3 Partículas em suspensão

As partículas, também designadas por material particulado (PM) ou partículas finas, são pequenas partículas de sólido ou líquido suspensas num gás. Em contrapartida, o aerossol refere-se às partículas e ao gás em conjunto. As fontes de partículas podem ser de origem humana ou natural. Algumas partículas ocorrem naturalmente, com origem em vulcões, tempestades de poeira, incêndios em florestas e pastagens, vegetação viva e pulverização marítima. As actividades humanas, como a queima de combustíveis fósseis em veículos, centrais eléctricas e vários processos industriais, também geram quantidades significativas de aerossóis. Em termos globais, os aerossóis antropogénicos - os produzidos pelas actividades humanas - representam atualmente cerca de 10% da quantidade total de aerossóis na nossa atmosfera. O aumento dos níveis de partículas finas no ar está associado a riscos para a saúde, tais como doenças cardíacas, alterações da função pulmonar e cancro do pulmão.

> *Partículas com menos de 100 microns, também designadas por inaláveis, uma vez que podem entrar facilmente no nariz e na boca.*
>
> *Partículas com menos de 10 microns (PM10, frequentemente designadas por finas na Europa). Estas partículas são também designadas por torácicas, uma vez que podem penetrar profundamente no sistema respiratório.*
>
> *Partículas com menos de 4 microns. Estas partículas são frequentemente designadas por respiráveis porque são suficientemente pequenas para atravessar completamente o sistema respiratório e entrar na corrente sanguínea.*
>
> *Partículas com menos de 2,5 microns (PM2,5, designadas por finas nos EUA).*
>
> *Partículas com menos de 0,1 microns (PM0,1, ultrafinas).*
>
> *Os radicais livres persistentes ligados às partículas finas transportadas pelo ar podem causar doenças cardiopulmonares.*

Metais tóxicos, como o chumbo, o cádmio e o cobre.

Clorofluorocarbonetos (CFC) - nocivos para a camada de ozono, emitidos por produtos cuja utilização é atualmente proibida.

Amoníaco (NH3) - emitido por processos agrícolas. O amoníaco é um composto com a fórmula NH3. É normalmente encontrado como um gás com um odor pungente caraterístico. O amoníaco contribui significativamente para as necessidades nutricionais dos organismos terrestres, servindo como precursor de alimentos e fertilizantes. O amoníaco, direta ou indiretamente, é também um elemento de base para a síntese de muitos produtos farmacêuticos. Embora seja muito utilizado, o amoníaco é cáustico e perigoso.

Odores - como os do lixo, esgotos e processos industriais

Poluentes radioactivos - produzidos por explosões nucleares, eventos nucleares, explosivos de guerra e processos naturais, como o decaimento radioativo do rádon.

Os poluentes secundários não são diretamente emitidos pelas fontes, mas formam-se na atmosfera a partir dos poluentes primários (também chamados precursores).

Os principais poluentes secundários conhecidos por causarem danos em concentrações suficientemente elevadas são os seguintes:

Nitrato de peroxiacetilo (PAN) - formado de forma semelhante a partir de NOx e COV (NO2 e HNO3 formados a partir de NO).

Ozono (O3) formado a partir de reacções fotoquímicas de óxidos de azoto e COV.

Gotículas de ácido sulfúrico formadas a partir de SO2 e gotículas de ácido nítrico formadas a partir de NO2.

Aerossóis de sulfatos e nitratos (por exemplo, sulfato de amónio (bi) e nitrato de amónio) formados a partir de reacções de gotículas de ácido sulfúrico e gotículas de ácido nítrico com NH3, respetivamente.

■ *Aerossóis orgânicos formados a partir de COVs em reacções gás-partícula.*

Alguns poluentes secundários - sulfatos, nitratos e partículas orgânicas - podem ser transportados a grandes distâncias, como centenas e mesmo milhares de quilómetros. A deposição húmida e seca destes poluentes contribui para o problema da deposição ácida (frequentemente designada por chuva ácida), com possíveis danos para os solos, a vegetação e os lagos susceptíveis.

Os poluentes orgânicos persistentes (POP) são compostos orgânicos que são resistentes à degradação ambiental através de processos químicos, biológicos e fotolíticos. Por este motivo, observou-se que persistem no ambiente, são capazes de se transportar a longa distância, se acumulam nos tecidos humanos e animais, se ampliam nas cadeias alimentares e têm potenciais impactos significativos na saúde humana e no ambiente.

O transporte de contaminantes por partículas atmosféricas é uma preocupação global porque as massas de ar que contêm grandes quantidades de poeiras e aerossóis atravessam frequentemente as fronteiras continentais e internacionais e têm frequentemente consequências ambientais adversas nas zonas de deposição a favor do vento *(Figura 1.2)*.

Até à data, as partículas que têm maior impacto nos efeitos sobre a saúde humana são reconhecidas como tendo menos de 10 µm de diâmetro. Estas partículas podem penetrar no trato respiratório, começando pelas passagens nasais até aos alvéolos, nas profundezas dos pulmões, devido à sua excessiva penetrabilidade. Partículas entre aproximadamente 5 e 10 µm são mais provavelmente depositadas na árvore traqueobrônquica, enquanto aquelas entre 1 e 5 µm são depositadas nos bronquíolos respiratórios e nos alvéolos onde ocorre a troca gasosa *(Figura 1.3)*.

Estas partículas podem afetar as trocas gasosas no interior dos pulmões e podem mesmo penetrar no pulmão. Eventualmente, estas partículas escapam para a corrente sanguínea e causam problemas de saúde significativos. As partículas com menos de 1 μm comportam-se, em geral, de forma semelhante às moléculas de gás, pelo que penetram nos alvéolos (deposição por forças de difusão) e podem translocar-se para o tecido celular e/ou para o sistema circulatório.

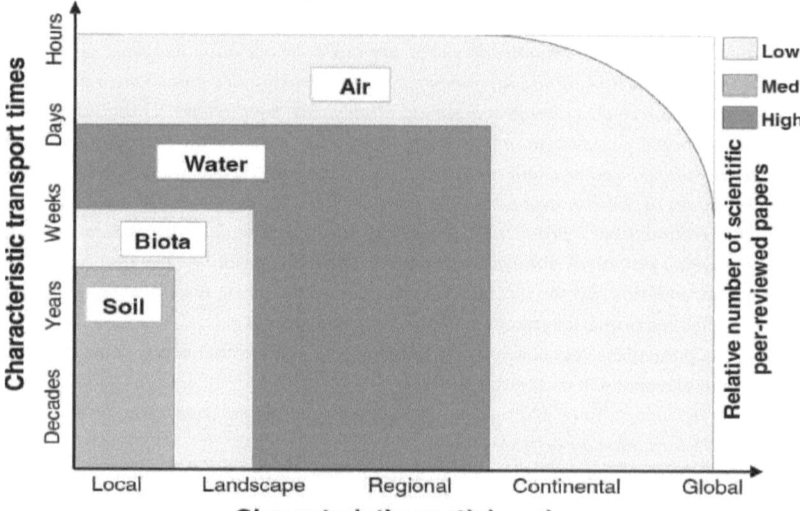

Figura 1.2: Ilustração dos meios de transporte de contaminantes ambientais, dos seus tempos de transporte e extensão espacial e do seu número relativo de artigos científicos revistos por pares (baixo <1000 estudos; alto >10 000 estudos)

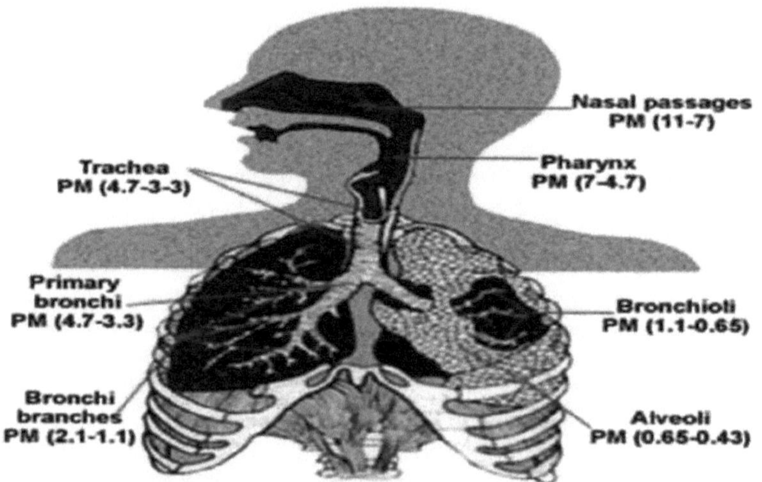

Figura 1.3: Potencial de deposição para partículas de diferentes tamanhos

A exposição às partículas foi identificada como a causa de numerosos efeitos na saúde, incluindo o aumento das admissões hospitalares, das idas às urgências e dos sintomas respiratórios, a exacerbação de doenças respiratórias e cardiovasculares crónicas, a diminuição da função pulmonar e a mortalidade prematura. Além disso, os cientistas sugeriram que a exposição a níveis elevados de partículas também pode levar a diversos sintomas, incluindo baixo peso à nascença nos bebés, partos prematuros e, possivelmente, mortes fetais e infantis.

Os problemas ligeiros associados à inalação de PM2.5 incluem falta de ar (dispneia), desconforto e dor no peito, tosse e pieira. Os adultos mais velhos e as crianças ou pessoas com doenças cardíacas (ou pulmonares) estão sujeitos a um risco muito maior de partículas do que as outras pessoas. Foi relatado que a exposição a PM afecta o desenvolvimento pulmonar em crianças, incluindo défices reversíveis na função pulmonar, redução crónica da taxa de crescimento pulmonar e um défice na função pulmonar a longo prazo.

O impacto da exposição a PM na saúde é brevemente representado num gráfico de caixa *(Figura 1.4)*. Além disso, as terras de cultivo e os sistemas agrícolas têm provavelmente concentrações mais baixas de produtos químicos tóxicos associados às emissões de partículas do que a maioria dos tipos de operações mineiras e, por conseguinte, podem representar um risco potencial menor para a saúde humana e o ambiente.

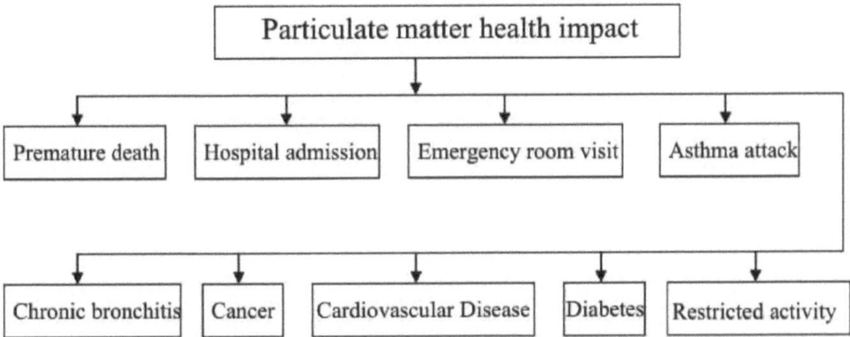

Figura 1.4: Impactos da exposição a PM na saúde

Capítulo 2: Fontes de poluentes atmosféricos

A combustão da gasolina e de outros hidrocarbonetos combustíveis em automóveis, camiões e aviões a jato produz vários poluentes primários: óxidos de azoto, hidrocarbonetos gasosos e monóxido de carbono, bem como grandes quantidades de partículas, principalmente chumbo. Na presença da luz solar, os óxidos de azoto combinam-se com os hidrocarbonetos para formar uma classe secundária de poluentes, os oxidantes fotoquímicos, entre os quais o ozono e o peroxiacetilnitrato (PAN), que arde nos olhos. Os óxidos de azoto também reagem com o oxigénio no ar para formar dióxido de azoto, um gás castanho com mau cheiro. Nas zonas urbanas, onde os transportes são a principal causa da poluição atmosférica, o dióxido de azoto tinge o ar, misturando-se com outros contaminantes e com o vapor de água atmosférico para produzir smog castanho.

Embora a utilização de conversores catalíticos tenha reduzido os compostos produtores de smog nas emissões de escape dos veículos a motor, muitos estudos demonstraram que, ao fazê-lo, os conversores produzem óxido nitroso, que contribui substancialmente para o aquecimento global.

Cada processo industrial apresenta o seu próprio padrão de poluição atmosférica. As refinarias de petróleo são responsáveis por uma grande poluição por hidrocarbonetos e partículas. As siderurgias, as fundições de metais, as fábricas de papel e pasta de papel, as fábricas de produtos químicos, as fábricas de cimento e de asfalto descarregam grandes quantidades de partículas diversas. As linhas eléctricas de alta tensão não isoladas ionizam o ar adjacente, formando ozono e outros poluentes perigosos. Os poluentes transportados pelo ar provenientes de outras fontes incluem insecticidas, herbicidas, precipitação radioactiva e poeiras de fertilizantes, operações mineiras e confinamentos de gado.

As fontes de poluição atmosférica referem-se aos vários locais, actividades ou factores responsáveis pela libertação de poluentes na atmosfera. Estas fontes podem ser classificadas em duas grandes categorias, a saber

> **1. Fontes antropogénicas de poluentes atmosféricos**
> **2. Fontes naturais de poluentes atmosféricos**

2.1 Fontes antropogénicas de poluentes atmosféricos

As fontes antropogénicas de emissões de poluição atmosférica incluem -

Fontes pontuais fixas: Uma fonte pontual estacionária é uma fonte única e identificável de emissões de poluentes atmosféricos. Incluem chaminés de fumo de centrais eléctricas, instalações de produção (fábricas) e incineradores de resíduos, bem como fornos e outros tipos de dispositivos de aquecimento a combustível. Nos países em desenvolvimento e nos países pobres, a queima tradicional de biomassa é a principal fonte de poluentes atmosféricos; a biomassa tradicional inclui madeira, resíduos de culturas e estrume.

Fontes móveis: As fontes móveis incluem as emissões de escape de veículos acionados por motores de combustão. As fontes móveis incluem veículos a motor, embarcações marítimas, aeronaves e o efeito do som, etc.

Fontes de superfície: Uma fonte de área é uma fonte bidimensional de emissões difusas de poluentes atmosféricos. As emissões de metano e amoníaco provenientes de suiniculturas e outras actividades pecuárias.

Fontes evaporativas: As fontes evaporativas são líquidos voláteis que, quando não estão completamente fechados num tanque ou noutro recipiente, se evaporam e libertam vapores ao longo do tempo. Líquidos como tintas, solventes, pesticidas, perfumes, sprays para o cabelo, sprays de aerossol e gasolina.

Queimadas controladas: O fogo controlado é uma técnica útil praticada na gestão florestal e na agricultura. Produtos químicos, poeiras e práticas de fogo controlado na agricultura e na gestão florestal. O fogo controlado ou prescrito é uma técnica por vezes utilizada na gestão florestal, na agricultura, na recuperação de pradarias ou na redução dos gases com efeito de estufa. O fogo é uma parte natural da ecologia das florestas e das pastagens e o fogo controlado pode ser uma ferramenta para os silvicultores. As queimadas controladas estimulam a germinação de algumas árvores florestais desejáveis, renovando assim a floresta. Estas queimadas controladas resultam na formação e libertação de fumo, cinzas, poeiras, dióxido de carbono, óxidos de azoto e outros poluentes atmosféricos.

Aterros de eliminação de resíduos: Os micróbios e as reacções químicas actuam sobre os resíduos e geram gás de aterro que contém metano e dióxido de carbono, bem como pequenas quantidades de amoníaco, mercaptanos e outros sulfuretos. Deposição de resíduos em aterros, que geram metano. O metano não é tóxico; no entanto, é altamente inflamável e pode formar misturas explosivas com o ar. O metano é também asfixiante e pode deslocar o oxigénio num espaço fechado. Pode ocorrer asfixia ou sufocação se a concentração de oxigénio for reduzida para menos de 19,5% por deslocamento. Eventualmente, esse gás escapa do aterro e é libertado para a atmosfera.

Fumos: Fumos de tinta, laca, verniz, aerossóis e outros solventes.

Militares: Militares, tais como armas nucleares, gases tóxicos, guerra bacteriológica e foguetões.

Fonte pontual industrial antropogénica de emissão de poluição atmosférica

Fonte móvel antropogénica de poluição atmosférica

2.2 Fontes naturais de poluentes atmosféricos

As fontes naturais de emissões de poluição atmosférica incluem:

Vulcões: A atividade vulcânica produz fumo, cinzas, dióxido de carbono, dióxido de enxofre e outros poluentes atmosféricos.

Géisers: Os poluentes atmosféricos emitidos pelos géiseres incluem o sulfureto de hidrogénio, o arsénico e outros metais pesados.

Gases digestivos: Metano e outros gases gerados pela digestão dos alimentos e emitidos por animais como o gado.

Oceanos, rios e estuários: Estas são fontes de emissões de metano que se pensa serem causadas pelos sistemas digestivos da vida marinha, pela metanogénese em sedimentos e áreas de drenagem ao longo das regiões costeiras e, possivelmente, pela infiltração de hidratos de metano nos fundos oceânicos.

Poeira: Poeira soprada pelo vento de zonas com pouca ou nenhuma vegetação, como as zonas desérticas. Poeira de fontes naturais, geralmente grandes áreas de terra com pouca ou nenhuma vegetação _ Metano, emitido pela digestão de alimentos por animais, por exemplo, gado

Sal marinho: Água do mar soprada pelo vento que se evapora na atmosfera e liberta cloreto de sódio e outras partículas para a atmosfera.

Decaimento radioativo: O gás rádon é libertado para a atmosfera pelo decaimento radioativo que ocorre na crosta terrestre. O rádon é um gás nobre incolor, inodoro, de ocorrência natural e radioativo, que se forma a partir do decaimento do rádio. É considerado um perigo para a saúde. O gás rádon proveniente de fontes naturais pode acumular-se nos edifícios, especialmente em áreas confinadas como a cave, e é a segunda causa mais frequente de cancro do pulmão, a seguir ao consumo de cigarros ***Incêndios florestais:*** Os incêndios florestais provocados por raios ou outras causas naturais resultam na formação e libertação de fumo, cinzas, poeiras, dióxido de carbono, óxidos de azoto e outros poluentes atmosféricos, bem como de fumo e monóxido de carbono provenientes de incêndios florestais.

Plantas e árvores: Fontes biogénicas, como os pinheiros e algumas outras plantas e árvores, que libertam compostos orgânicos voláteis (COV). Cerca de 80% das emissões globais de COV provêm de fontes biogénicas. Em algumas regiões, emite quantidades ambientalmente significativas de COV nos dias mais quentes. Estes COV reagem com poluentes antropogénicos primários - especificamente, NOx, so2 e compostos de carbono orgânico antropogénicos - para produzir uma neblina sazonal de poluentes secundários.

Zonas húmidas: A ação microbiana nas zonas húmidas resulta na formação e libertação de quantidades significativas de metano para a atmosfera. De facto, as zonas húmidas são a maior fonte natural de emissões de metano.

Térmitas: As térmitas são a segunda maior fonte natural de emissões de metano. O metano é produzido pelo seu processo digestivo normal.

Relâmpagos: Os relâmpagos convertem o azoto atmosférico em óxidos de azoto.

Emissão de gases do solo: Outra fonte biogénica em que a ação microbiana nos solos resulta na formação e libertação de quantidades significativas de óxidos de azoto.

Capítulo 3: Classificação dos poluentes atmosféricos

Os poluentes atmosféricos podem ser classificados de acordo com a sua origem, estado da matéria ou composição química.

3.1 Classificação de acordo com a forma como atingem a atmosfera:

Poluentes atmosféricos primários (os emitidos diretamente pelas fontes)

Poluentes atmosféricos secundários (os que se formam na atmosfera por interações químicas entre os poluentes primários e as condições atmosféricas normais)

3.2 Classificação de acordo com a composição química:

Compostos que contêm enxofre

Compostos que contêm azoto

Compostos que contêm carbono

Composto que contém halogéneos.

Substâncias tóxicas (qualquer uma das cerca de)

■ *Compostos radiativos*

3.3 Classificação de acordo com o estado físico:

■ *Gasoso*

Líquido (aquoso)

■ *Sólido*

3.4 Classificação de acordo com as escalas espaciais dos seus efeitos:

Local (ou interior)

■ *Regional*

■ *Global*

3.4 Poluentes atmosféricos primários (os emitidos diretamente pelas fontes)

A natureza, a importância, as fontes e a abundância de alguns poluentes atmosféricos primários importantes são indicadas a seguir:

3.4.1 Monóxido de carbono (CO): É um gás insípido, incolor e inodoro, com uma densidade ligeiramente inferior à do ar. A concentração média de fundo, especialmente no hemisfério norte, é de 0,10 ppm. O tempo médio de permanência deste gás na atmosfera foi calculado entre 1 mês e 5 anos.

A principal preocupação com os seus efeitos poluentes é a sua capacidade de se combinar com a hemoglobina, o que reduz a capacidade normal do sangue de transportar oxigénio para os tecidos. Numa concentração superior a 100 ppm, pode provocar tonturas, dores de cabeça, lassidão e outros sintomas. Uma concentração de 4000 ppm é letal em menos de uma hora. As principais fontes de CO incluem a queima incompleta de combustíveis e outras matérias carbonáceas. Também é gerado nalguns processos industriais e na combustão de resíduos sólidos. O fumo do cigarro também contém grandes quantidades de CO.

As fontes naturais de CO são principalmente os vulcões, os raios e a degradação fotoquímica de alguns compostos orgânicos reactivos. O CO é também formado biologicamente por certas algas castanhas, vários microrganismos e alguns organismos oceânicos. De acordo com algumas estimativas, 75,7% do CO é produzido pela combustão total de combustíveis, 7,7% por processos industriais, 9,3% por queimadas agrícolas, 4,9% pela eliminação de resíduos sólidos e 3,0% por fontes diversas. A concentração de monóxido de carbono em áreas onde o tráfego circula frequentemente varia entre 3 e 42 ppm, no entanto, foram encontradas concentrações de 100 a 150 ppm no interior dos veículos.

3.4.2 Óxidos de enxofre (SO, e so₃): Os óxidos de enxofre são os poluentes atmosféricos mais comuns. Estes foram reconhecidos como os principais poluentes em vários episódios de poluição atmosférica no mundo. Estão disponíveis normas para o dióxido de enxofre em várias localidades de todo o mundo. Faz parte integrante da maioria dos programas de controlo da qualidade do ar.

A fundição tem sido uma das maiores fontes de poluição por SO. Os minérios de Cu, Zn, Pb e Ni, etc., contêm até 10% ou mais de enxofre. Este produto residual combina-se com o oxigénio do ar à alta temperatura da fundição para produzir principalmente SO_2, que é libertado para a atmosfera.

$$4\,FeS_2 + 11O_2 \rightarrow 2\,Fe_2O_3 + 6\,SO_2$$
$$2NiS + 3O_2 \rightarrow 2\,NiO + SO_2$$
$$Cu_2S + 2O_2 \rightarrow 2\,CuO + SO_2$$

A queima de carvão tem sido uma fonte tradicional de poluição por SO e, numa base global, é responsável por 75 % da produção de SO_2.

De acordo com algumas estimativas, são produzidos anualmente no mundo 103 biliões de g de SO_2. O tempo de vida do SO_2 na atmosfera é de cerca de 2-4 dias. Cerca de 55% do SO_2 é perdido devido à conversão fotoquímica em sulfatos e o restante é removido por deposição húmida e seca.

É, no entanto, importante notar que os níveis de SO_2 nos países desenvolvidos têm vindo a diminuir com as alterações nas caraterísticas dos combustíveis queimados e devido a leis ambientais rigorosas. O SO_2 é um gás incolor que possui um odor pungente e iniciador em concentrações superiores a 300 ppm. A concentração de fundo de SO_2 é de 0,2 ppb. Pode reagir fotoquímica ou cataliticamente com outros materiais presentes na atmosfera para formar trióxido de enxofre, ácido sulfúrico ou sais de ácido sulfúrico.

O trióxido de enxofre, para além de se formar por oxidação do SO_2, também pode ser derivado da combustão de materiais contendo enxofre. Pode também existir sob a forma de vapor e combinar-se facilmente com a água para formar H_2SO_4.

A principal preocupação com o SO_2 e o SO_3 na atmosfera é a sua capacidade de formar H_2SO_4, que diminui o pH da água da chuva, resultando na ocorrência de chuvas ácidas. Foi relatado que o SO_2 afecta negativamente a vegetação e a produtividade de várias culturas. As principais fontes de dióxido de enxofre são a fundição de minérios de sulfureto e a queima de combustíveis com enxofre, como o carvão e o petróleo. Do total de enxofre descarregado na atmosfera, numa base anual, um terço é constituído por SO gasoso e o restante por outras formas.

3.4.3 Óxidos de azoto (NOx): Os óxidos de azoto mais abundantes e importantes que formam poluentes atmosféricos são o óxido nítrico (NO), o dióxido de azoto (NO_2) e o óxido nitroso (N_2O). O óxido nitroso, também designado popularmente por gás hilariante, não é um poluente atmosférico muito importante, embora haja provas do seu papel nas reacções fotoquímicas. O óxido nítrico é um gás incolor e relativamente inofensivo, mas é facilmente convertido em NO_2 por reacções fotoquímicas. É produzido principalmente durante a combustão a alta temperatura, particularmente em automóveis e indústrias, devido à reação do azoto atmosférico com o oxigénio. O dióxido de azoto é um gás castanho-avermelhado com um odor pungente. O gás é corrosivo, irritante e fisiologicamente tóxico. Reage com a água para formar ácido nítrico, que pode ser um componente significativo da chuva ácida. É formado na atmosfera principalmente pela foto-oxidação do NO.

O óxido nítrico é também produzido biologicamente na natureza, estimando-se que a produção natural seja 10 vezes superior à das fontes antropogénicas. No entanto, a importância das fontes antropogénicas reside no facto de as zonas urbanas terem concentrações 10 a 100 vezes mais elevadas de NOx, que aí se acumularam devido às actividades humanas. Em geral, os automóveis produzem quase 40% do total de NOx descarregado na atmosfera. De acordo com algumas estimativas, são produzidos na atmosfera 48Tg/ano de NOx. A concentração de fundo destes é de 1000 pptv. O tempo de vida do NOx é inferior a 2 dias e o seu destino é a oxidação em ácido nítrico, nitratos ou foto-dissociação.

3.4.4 Amoníaco (NH3): É um gás incolor, pungente, sufocante e altamente solúvel em água. No que respeita à produção total de amoníaco, uma percentagem muito elevada de 99,9% ($3,7 \times 10^9$ toneladas) é libertada a partir de fontes naturais durante a degradação da matéria orgânica. No entanto, em zonas urbanas ou industriais, pode ser importante do ponto de vista da poluição atmosférica devido às suas concentrações mais elevadas em determinadas situações localizadas. As fontes antropogénicas de amoníaco incluem principalmente a combustão de combustíveis em fontes fixas e móveis e a incineração de resíduos. É também emitido por fábricas de fertilizantes, fábricas de produtos químicos, fornos de coque e refinarias. Uma concentração elevada de amoníaco é nociva para todos os tipos de vida. A concentração de fundo típica de amoníaco é de 0,1 ppbv, ao passo que concentrações superiores a 6 ppbv são encontradas nas zonas poluídas. O tempo de vida do NH3 na atmosfera é de 6 dias. O seu destino é a conversão em sais de amónio.

3.4.5 Sulfureto de hidrogénio (H2S): É um gás incolor com um odor desagradável. Os processos naturais são responsáveis por quase metade do total de sulfureto de hidrogénio libertado para a atmosfera (10×10^6 toneladas). Na natureza, o sulfureto de hidrogénio é produzido principalmente pela decomposição bacteriana da matéria orgânica. Também é produzido naturalmente a partir de depósitos de enxofre, gases vulcânicos e nascentes de enxofre.
As fontes antropogénicas são principalmente industriais, tais como fábricas de papel kraft, refinarias de petróleo, fábricas de coque e lagoas de eliminação de esgotos e resíduos industriais.
O sulfureto de hidrogénio não constitui um problema generalizado de poluição atmosférica, mas os problemas localizados podem ser graves. O gás em concentrações mais elevadas é tóxico para o homem e para os animais. Pode também ser corrosivo para os metais.
As concentrações de fundo típicas de H2S são 30-100 pptv e 330-810 pptv em áreas poluídas. O tempo de permanência na atmosfera é de 4,4 dias. O sulfureto de hidrogénio foi responsável pela morte de 22 pessoas, enquanto outras 320 foram hospitalizadas em Poza Rico, México, em 1950. Estas pessoas viviam perto da chaminé de uma unidade de remoção de enxofre.

3.4.6 Cloreto de hidrogénio (HCl): É um gás incolor, forte, pungente e irritante com uma elevada solubilidade em água. Ocorre naturalmente apenas em quantidades muito pequenas a partir de fumos vulcânicos e em alguns rios. É emitido como poluente atmosférico na produção e utilização comercial. Também é libertado durante a queima de produtos de papel ou de materiais que contêm cloro. Algumas indústrias químicas também produzem HCl como um subproduto durante os processos de fabrico.
A maior preocupação com o HCl deve-se principalmente à sua grande solubilidade em água, que

produz fumos de ácido clorídrico no ar húmido. O ácido clorídrico é extremamente nocivo para a pele e para as membranas mucosas. É um poluente atmosférico potencial apenas em determinadas situações localizadas com concentrações atmosféricas relativamente elevadas.

3.4.7 Fluoretos: Na natureza, o flúor encontra-se em abundância na forma mineral, como o espatoflúor e a fluorapatite, com uma concentração de flúor de 49 % e 3-4 %, respetivamente. Todo o flúor comercial é obtido a partir do espatoflúor. A fluorapatite, também conhecida popularmente como fosfato de rocha, é utilizada na produção de ácido fosfórico e de fertilizantes fosfatados.

O flúor, como poluente atmosférico, encontra-se na atmosfera sob a forma de partículas sólidas como compostos de flúor, gás flúor e fluoreto de hidrogénio. As fontes industriais predominantes de fluoretos são o processamento dos seus minerais para a produção de compostos de flúor e fertilizantes fosfatados. Quantidades significativas de fluoretos são também emitidas pela combustão de carvão e pelo fabrico de aço, vidro, tijolo, azulejos e alumínio.

O fluoreto de hidrogénio é um gás altamente corrosivo que afecta até o vidro. Os fluoretos causam fluorose, problemas de pernas de borracha e corrosão de dentes e ossos no gado. O limite máximo para o fluoreto de hidrogénio é de 3 ppm. As concentrações de fluoreto nas zonas urbanas variam entre menos de 0,05 µg e cerca de 2 µg m-3. Fora das áreas urbanas, as concentrações normalmente não excedem 0,1 µg m-3.

3.4.8 Cloro (cl2): É um gás denso amarelo-esverdeado com um odor irritante. É um forte agente oxidante com propriedades branqueadoras, pelo que pode ser extremamente tóxico para todas as formas de vida. É altamente corrosivo para os metais e muitos outros materiais.

Muitos dos problemas de poluição por cloro são localizados devido a fugas e descargas acidentais ou onde é formado nas indústrias. A principal fonte comercial de cloro é a eletrólise de sais de cloreto, como o cloreto de sódio e de potássio. Outras fontes incluem o carregamento e a limpeza de tanques, vagões e barcaças e a descloração de soluções de salmoura usadas. As fontes naturais de cloro são raras, mas os gases vulcânicos podem conter algum cloro, e também pode ser formado em pequenas quantidades por reacções atmosféricas. O valor limite de Cl2 é de 1 ppm.

3.4.9 Dióxido de carbono (co2): Não é um poluente atmosférico típico de maior preocupação para a saúde humana. É, talvez, o único poluente que é importante à escala global devido à sua capacidade de absorver radiação infravermelha de onda longa nas camadas atmosféricas inferiores, o que pode aumentar a temperatura atmosférica. Nos últimos anos, muito se tem debatido sobre o aquecimento global resultante da libertação excessiva de dióxido de carbono de origem humana na atmosfera. O aumento global da temperatura, mesmo que seja de uma fração de grau, pode levar ao derretimento das calotes polares e do gelo polar, resultando na submersão de cidades baixas devido ao aumento do nível do mar.

Naturalmente, o co2 está presente na atmosfera e representa 0,03% dos gases constituintes. Devido ao aumento de várias vezes na libertação de dióxido de carbono na atmosfera nos últimos anos, estima-se que a sua concentração atual tenha aumentado para cerca de 0,033%. As fontes naturais de co2 são principalmente a decomposição da matéria orgânica e a respiração dos organismos.

Cerca de metade das quantidades excessivas lançadas na atmosfera são absorvidas pelos oceanos, enquanto grande parte é utilizada na fotossíntese. As fontes antropogénicas de dióxido de carbono são, na sua maioria, a combustão de combustíveis fósseis, como o carvão, o petróleo e o gás natural, para a produção de energia. Isto representa quase 90% do total das descargas antropogénicas. Os restantes 10% de CO_2 provêm dos sistemas de eliminação de resíduos, da queima de madeira e de florestas, etc. Numa base localizada, pode ocorrer em maiores quantidades a partir de fornos de coque e operações de fundição.

3.4.10 Boro: É um elemento não metálico que ocorre maioritariamente em combinação com outros elementos. É um elemento amplamente distribuído, presente em vários minerais que se encontram habitualmente na natureza. Fontes importantes de boro na atmosfera são as poeiras de boro e a queima de combustíveis em foguetões e motores a jato. Os boranos são substâncias altamente tóxicas. Alguns boranos importantes são os diboranos, os pentaboranos e os decaboranos. Os boranos também são utilizados, por vezes, como aditivos no petróleo. Outras fontes importantes de boro atmosférico são a combustão de carvão e a indústria química transformadora que utiliza minerais e compostos de boro.
O boro é um elemento altamente tóxico para os seres humanos, causando danos cerebrais e mesmo a morte em casos extremos. Quando inalado como pó, provoca irritação e inflamação.

3.4.11 Fósforo: É um elemento sólido não metálico que se encontra normalmente em duas formas alotrópicas. A forma amarela é altamente inflamável, luminosa no escuro e venenosa. A outra forma, de cor vermelha, é comparativamente menos inflamável e menos venenosa. Muitos compostos de fósforo orgânico são altamente tóxicos e podem mesmo ser letais para o homem e para os animais a níveis mais elevados de concentrações atmosféricas.
O fósforo é emitido para a atmosfera sob a forma de óxidos de fósforo, ácido fosfórico e compostos de fósforo orgânico. Muitos compostos de fósforo orgânico são vulgarmente utilizados como pesticidas. As suas fontes atmosféricas predominantes são as caldeiras a óleo que produzem quantidades significativas de cinzas volantes contendo fósforo, a indústria siderúrgica que emite fumos de pentaóxidos de fósforo e os transportes devido à utilização de certos compostos de fósforo orgânico como aditivos de combustível. A indústria química envolvida com o fósforo pode também emitir quantidades apreciáveis de fósforo para a atmosfera. O fósforo elementar actua como um potente veneno protoplasmático. Pode causar irritação da pele e sintomas nervosos em concentrações mais elevadas.

3.4.12 Selénio: É um elemento não metálico, quimicamente semelhante ao enxofre. Embora o selénio seja um nutriente essencial para os animais e possivelmente para o homem, em quantidades excessivas é um tóxico muito poderoso. Na natureza, encontra-se amplamente distribuído na crosta terrestre, com uma concentração média de 0,09 ppm. Encontra-se também no carvão e nas rochas ígneas. As fontes atmosféricas importantes de selénio incluem a queima de lixo, especialmente papel. É também emitido pelas refinarias de cobre e pela utilização de combustíveis na indústria.

3.4.13 Metais pesados: Os metais pesados são aqueles que têm uma densidade mais de cinco vezes superior à da água. Muitos deles ocorrem normalmente como poluentes atmosféricos e são bastante tóxicos para a vida. Apresenta-se de seguida uma breve descrição de alguns dos metais pesados mais importantes
Arsénio: É um elemento altamente venenoso que se encontra frequentemente associado aos minérios de cobre, chumbo, cobalto, níquel, ferro, ouro e prata. As fontes atmosféricas de arsénio incluem a fundição de minérios contendo arsénio, o descaroçamento do algodão e a queima de resíduos de algodão, a combustão de carvão e a incineração. Também é libertado em várias formas químicas durante o fabrico de vidro e cerâmica. Alguns dos seus compostos são também utilizados como

pesticidas. O arsénio é um elemento altamente tóxico que provoca dermatites e provavelmente cancro da pele. Em concentrações mais elevadas, pode mesmo levar à morte.

Cádmio: Não se encontra em estado natural livre. Permanece frequentemente associado aos minérios de zinco, cobre e chumbo. É um elemento amplamente utilizado com várias aplicações, como na galvanoplastia, fotografia e tingimento, e no fabrico de vidro, fósforo, eléctrodos para baterias de armazenamento, semicondutores, ligas de prata e fotocondutores, etc. As principais fontes atmosféricas de cádmio são o processamento dos minérios de zinco, cobre e chumbo que contêm cádmio. As poeiras e os vapores de cádmio são frequentemente libertados na extração e concentração de minérios de zinco. O processamento metalúrgico dos minérios, como a ustulação, a sinterização e a fundição, também volatiliza o cádmio na forma de vapor para a atmosfera. Algum cádmio é também libertado durante a incineração de resíduos contendo aço, plásticos, pigmentos e borracha. As emissões gasosas de cádmio sob a forma de vapores são também produzidas quando a sucata de aço é fundida para reciclagem. O cádmio é um metal altamente tóxico que provoca várias perturbações nos seres humanos e nos animais. Conduz ao desenvolvimento de fibrose pulmonar, problemas gástricos e doenças do coração, do fígado e do cérebro. Pode também desenvolver hipertensão e cancros.

Crómio: É um elemento metálico brilhante e quebradiço que forma compostos com outros elementos. Não ocorre na natureza como metal puro. A maior parte dos solos e das rochas contém pequenas quantidades de crómio sob a forma de óxido crómico (Cr_2O_3). O seu único mineral comercial é a cromite ($FeOCr_2O_3$). É utilizado na produção de aços inoxidáveis e de austenite. Também são utilizadas grandes quantidades de crómio na galvanoplastia. É introduzido na atmosfera pela indústria metalúrgica, pela indústria produtora de cromato, pela cromagem, pela queima de carvão, pela utilização de produtos químicos de crómio como aditivos de combustível e inibidores de corrosão e pelo curtimento de crómio. A poluição pelo crómio ocorre principalmente sob a forma de emissões de partículas, que podem ser controladas através da utilização de dispositivos comuns de controlo de partículas, como precipitadores electrostáticos, casas de sacos e depuradores. O crómio é muito tóxico quando inalado do ar. Provoca irritação e perfuração do septo nasal. Também é considerado cancerígeno e provoca úlceras na pele.

Chumbo: É um metal pesado, macio, maleável, cinzento-azulado. O seu minério comum é a galena, onde ocorre sob a forma de sulfureto. A maior parte do chumbo no ar apresenta-se sob a forma de aerossóis, fumos e pulverizações. É muito utilizado em baterias de armazenamento e na gasolina. Os gases de escape dos veículos a motor movidos a gasolina são a principal fonte de chumbo atmosférico nas zonas urbanas. Outras fontes antropogénicas de chumbo incluem a combustão de carvão, o processamento e fabrico de produtos de chumbo e o fabrico de aditivos de chumbo, como o chumbo tetraetilo para a gasolina. Algum chumbo é também introduzido na atmosfera durante a incineração de resíduos e a utilização de pesticidas contendo chumbo.

O chumbo é um veneno sistémico que provoca anemia, mau funcionamento dos rins, lesões nos tecidos cerebrais e mesmo a morte em caso de envenenamento extremo. Na América, são consumidas cerca de 2 milhões de toneladas de chumbo por ano. O chumbo é omnipresente e a sua concentração está a aumentar no mundo. A concentração de fundo de chumbo é de 0,5 a 1 $\mu g/m^3$, enquanto os níveis nas ruas são frequentemente de 6 a 11 $\mu g/m^3$, excedendo assim as normas de qualidade do ar da OMS (2 $\mu g/m^3$).

Manganês: É um elemento metálico duro, quebradiço, branco-acinzentado. Embora seja necessário ao organismo como elemento essencial em quantidades vestigiais, as suas concentrações atmosféricas mais elevadas conduzem a envenenamentos e doenças de vários tipos. Naturalmente, está amplamente distribuído na crosta terrestre sob a forma química combinada. Na atmosfera, entra principalmente sob a forma de óxidos como o MnO, Mn2O3 ou Mn3O4. A sua principal entrada na atmosfera ocorre nas indústrias do manganês e do aço. A utilização de compostos orgânicos de manganês como aditivos na gasolina, no fuelóleo e no gasóleo pode também contribuir significativamente para a poluição atmosférica. Os fumos contendo manganês são também produzidos a partir das varas de soldadura.

Mercúrio: É um metal denso, branco-prateado, que permanece no estado líquido às temperaturas ambientes normais. O principal minério de mercúrio é o cinábrio (HgS), no qual está presente sob a forma de sulfureto. Também permanece associado a muitos outros minerais de ocorrência comum. É um metal amplamente utilizado, com aplicações em várias indústrias, de onde é emitido sob a forma de um poluente atmosférico. A indústria das tintas parece ser a que produz maiores emissões de mercúrio, sendo este utilizado como agente anti-incrustante e conservante, especialmente em lâmpadas marítimas e de látex. Outras aplicações industriais do mercúrio incluem a sua utilização em rectificadores, baterias, lâmpadas de mercúrio, barómetros, termómetros, medidores de fluxo, interruptores, dispositivos de deteção de pressão e relés. A utilização industrial do mercúrio produz gotículas que se vaporizam no ar. A transformação de minérios, a combustão de carvão e a incineração de resíduos também contribuem significativamente para a poluição por mercúrio. É também utilizado como pesticida sob a forma de certos compostos. O cloro e a soda cáustica são normalmente fabricados com eléctrodos de mercúrio. O mercúrio é uma toxina nervosa altamente potente. É mais tóxico por inalação do que por via digestiva. O envenenamento crónico resulta em sintomas nervosos que, numa fase avançada, provocam tremores frequentes. Conduz também ao desenvolvimento de perturbações gastrointestinais e pulmonares.

Níquel: É um elemento metálico branco-acinzentado, normalmente rugoso e resistente à corrosão oxidativa. É utilizado no fabrico de várias ligas metálicas e de aço inoxidável. É libertado como poluente atmosférico principalmente sob a forma de vapores de poeira. É introduzido na atmosfera por uma série de actividades industriais. A combustão do carvão deixa quantidades significativas de níquel nas cinzas. No entanto, a sua principal fonte na atmosfera é o processamento do níquel para o fabrico de várias ligas. A niquelagem e a sua utilização na hidrogenação e desidrogenação de compostos orgânicos, bem como o envelhecimento de licores, também contribuem para a poluição atmosférica. O níquel é relativamente pouco tóxico, mas pode afetar as proteínas dos tecidos alveolares. A sua exposição profissional tem sido associada ao desenvolvimento de cancros dos pulmões e dos seios nasais, a perturbações respiratórias e a dermatites.

Zinco: É um elemento metálico branco-azulado, semelhante ao magnésio nas suas propriedades químicas. Existe na natureza principalmente sob a forma de sulfureto, óxidos, carbonatos e silicatos. Embora seja um nutriente essencial para o ser humano e outros organismos, pode ser uma substância tóxica em concentrações relativamente elevadas. O zinco está amplamente distribuído na crosta terrestre, mas as suas principais fontes atmosféricas são a fundição de minérios de zinco, chumbo e cobre, a recuperação de sucata de zinco e a incineração de materiais que contêm zinco. Os fumos de zinco são altamente corrosivos e irritam e danificam a pele e as membranas mucosas.

3.4.14 Partículas: As partículas são qualquer material, exceto água não combinada, que existe como sólido ou líquido na atmosfera ou num fluxo de gás em condições normais. As partículas presentes no ar são geralmente de vários tamanhos e podem ser definidas mais especificamente como qualquer sólido ou líquido disperso com as partículas maiores do que uma única molécula pequena (0,0002 μ), mas menores do que 500 μ. As partículas neste espetro de tamanho podem permanecer suspensas durante alguns segundos ou vários meses. As partículas no ar são de natureza diversa e, nesta base, podem ser definidas da seguinte forma

Poeiras: São constituídas por partículas sólidas de dimensão superior à coloidal e são susceptíveis de suspensão temporária no ar e noutros gases.

Aerossóis: São sólidos ou líquidos de tamanho microscópico dispersos em meios gasosos. São exemplos o fumo, o nevoeiro ou a névoa.

Fumo: É o termo normalmente aplicado aos produtos visíveis de uma combustão imperfeita. Por exemplo, a nuvem de fumo que sai das chaminés onde o combustível é queimado.

Nevoeiro: É constituído por aerossóis visíveis em que a fase dispersa é líquida.

Névoa: É uma dispersão de baixa concentração de gotículas de líquido relativamente pequenas no ar. As névoas podem resultar da condensação de gases ou vapores para o estado líquido. Podem também ser formadas pela quebra de um líquido através de salpicos, pulverização ou formação de espuma.

Fumos: São partículas formadas por condensação, sublimação ou reação química, sendo a parte predominante constituída por partículas de dimensão inferior a 1p. São exemplos o fumo do tabaco e os óxidos metálicos condensados.

Cinzas volantes: É composta por partículas de cinzas finamente divididas.

Fuligem: É constituída por partículas de carbono impregnadas de alcatrão e forma-se durante a combustão incompleta de material carbonoso.

As principais partículas no ar estão na forma de carbono e fuligem, gotículas de ácido, óxidos metálicos, sais, silicatos e outros. A forma das partículas em suspensão no ar pode ser variável, por exemplo, esférica (fumo e cinzas volantes), irregular (minerais), ou como flocos e fibras As partículas podem também adquirir uma carga eléctrica no ar através de vários mecanismos. Um desses mecanismos importantes é a colisão de partículas com iões gasosos no ar. A carga também pode ser adquirida quando entram em contacto com uma chama ou outras fontes de energia. As partículas líquidas podem ser carregadas quando são dispersas no ar sob a forma de um jato de chuveiro.

A propriedade mais significativa das partículas é, no entanto, o seu tamanho. As partículas, com base no seu tamanho e no tempo durante o qual permanecem no ar, podem ser agrupadas nas três categorias principais seguintes.

Núcleos de condensação (Núcleos de Aitken): Todas as partículas de tamanho inferior a 0,1 μm são designadas por núcleos de condensação ou núcleos de Aitken. Estas partículas são tão pequenas que não podem ser filtradas ou pesadas. Só podem ser contadas por instrumentos especiais nos quais os vapores de água são condensados nas suas superfícies para facilitar a contagem.

Estas partículas mais finas são formadas na natureza por tempestades de poeira, atividade vulcânica, incêndios e evaporação de salpicos do mar, deixando para trás as partículas de sal. Também se sabe que são formadas na atmosfera por reacções em fase gasosa entre óxidos de azoto e hidrocarbonetos. A combustão industrial pode também libertar estas pequenas partículas para a atmosfera. Devido ao seu peso insignificante e à dificuldade de medição, são geralmente ignoradas no estudo da poluição atmosférica.

Partículas em Suspensão (SPM): Estas são as partículas mais abundantes presentes na atmosfera. Constituem uma grande preocupação para a saúde, uma vez que podem penetrar profundamente nos pulmões, causando efeitos muito graves no organismo. O tamanho destas partículas varia entre 0,1 e 10 μ. As velocidades de sedimentação desta gama de tamanhos de partículas são muito baixas e, por conseguinte, as partículas permanecem suspensas durante longos períodos no ar. Os exemplos importantes destas partículas são os fumos metálicos, as gotículas de óleo, alcatrão e ácido, a fuligem negra e as partículas locais do solo. A análise quantitativa destas partículas pode ser efectuada facilmente após a sua recolha em filtros específicos. A SPM é o parâmetro mais frequentemente medido em todos os tipos de monitorização da qualidade do ar e as suas normas são prescritas pelas autoridades de controlo da poluição para uma determinada área. As partículas em suspensão, por serem de menor dimensão, normalmente não se depositam. São importantes porque permanecem na zona de respiração dos seres humanos. Além disso, as SPM são compostas por vários compostos tóxicos. Várias actividades como a produção de energia, a demolição, a pulverização, a trituração, a agricultura e a extração de pedra geram partículas em suspensão. As indústrias do cimento, do ferro, do aço e dos fertilizantes contribuem significativamente para as SPM.

Partículas de poeira (partículas sedimentáveis): Estas são as partículas maiores que 10 µ que tendem a assentar devido à força gravitacional. A maior proporção destas partículas no ar é constituída por partículas de solo transportadas pelo ar, cinzas volantes e fuligem das indústrias. As fontes industriais destas partículas são os incineradores, as fábricas de cimento, as siderurgias, o ácido sulfúrico e as fábricas de papel kraft. Enormes quantidades de poeiras são também emitidas para a atmosfera a partir de processos mecânicos como a moagem e a abrasão, a erosão eólica, a pulverização e a pulverização de materiais. A queda de poeiras é menos perigosa para as vias respiratórias do que as partículas mais pequenas, mas pode afetar a vegetação e contribuir para a degradação de estruturas e edifícios. A principal preocupação das partículas reside no facto de se depositarem em objectos biológicos e não biológicos. As partículas reduzem o potencial produtivo das plantas e conduzem à entrada de vários metais pesados, substâncias radioactivas e materiais tóxicos nas cadeias alimentares. Os seres humanos são afectados pelas partículas devido à indução de problemas respiratórios e de deficiências pulmonares.

3.4.15 *Amianto:* O amianto é encontrado numa variedade de minerais fibrosos que ocorrem nas rochas. Alguns dos minerais de amianto importantes são os piroxénios, a crisólita, a crocidolita, a amosita e a antrofilita. A crisólita é o mineral de amianto mais comum, utilizado em quantidades superiores a 90% do total. O amianto é um importante material industrial utilizado no fabrico de uma grande variedade de produtos. As suas principais fontes atmosféricas são a exploração mineira de amianto, as indústrias que utilizam amianto, o uso de calços de travões, os telhados, a impermeabilização de edifícios com amianto pulverizado, o revestimento de estradas e o cimento de amianto. As concentrações de grandes quantidades de amianto no ar urbano são da ordem dos 10-100 µg/m^3 . O amianto é considerado bastante nocivo por produzir asbestose, um tipo de cancro do pulmão.

3.4.16 *Pesticidas:* Os pesticidas são os produtos químicos utilizados para controlar as pragas que destroem as nossas culturas ou outros objectos biológicos de importância económica. Estes podem ser agrupados como insecticidas, herbicidas, pulmicidas, namaticidas, rodenticidas, algicidas, repelentes e atractivos com base na sua especificidade para destruir as pragas. Os pesticidas não ocorrem naturalmente no ambiente. A sua principal fonte é a sua aplicação, durante a qual são transportados pelo ar. Os pesticidas podem também vaporizar-se do solo, da água e da superfície tratada. Podem também ser transportados pelo ar através de poeiras. As indústrias que fabricam pesticidas podem também produzir emissões que contêm estes produtos químicos.
Os pesticidas tendem a deslocar-se do ar para outros componentes do ambiente, como a água e o solo, e a acumular-se no corpo dos organismos através das cadeias alimentares. Após a sua acumulação no organismo, os pesticidas são prejudiciais para a saúde humana e animal.

3.4.17 *Aeroalergénios:* Os aeroalergénios são substâncias transportadas pelo ar que provocam uma resposta alérgica ou hipersensibilidade em indivíduos susceptíveis. Os alergénios mais comuns que se encontram no ar são o pólen (como o de tasneira e o de Parthenium), os bailarinos (pequenas partículas de materiais orgânicos, como penas de aves, pêlos de animais e pó doméstico), os fungos, as bactérias, os vírus e outras partículas de origem diversa.

As manifestações patológicas das reacções alérgicas desenvolvidas pelos alergénios transportados pelo ar são designadas por alergias atópicas. Dependendo da especificidade dos alergénios, algumas alergias importantes são a febre dos fenos, a asma, as perturbações da pele e alguns problemas respiratórios.

3.4.18 Poluentes tóxicos do ar: Os poluentes atmosféricos perigosos (HAPS), também designados por poluentes atmosféricos tóxicos ou tóxicos do ar, são os poluentes que causam ou podem causar cancro ou outros efeitos graves para a saúde, tais como efeitos na reprodução ou defeitos de nascença. Exemplos de poluentes atmosféricos tóxicos incluem o benzeno, que se encontra na gasolina; o percloretleno, que é emitido por algumas instalações de limpeza a seco; e o cloreto de metileno, que é utilizado como solvente e decapante por várias indústrias.

3.4.19 Poluentes radioactivos: A radioatividade é um poluente atmosférico de origem geogénica e antropogénica. A radioatividade geogénica resulta da presença de radionuclídeos, que têm origem em minerais radioactivos da crosta terrestre ou na interação de radiações cósmicas com gases atmosféricos. As emissões radioactivas antropogénicas têm origem nos reactores nucleares, na indústria da energia atómica (extração e processamento do combustível dos reactores), nas explosões de armas nucleares e nas instalações de reprocessamento do combustível usado dos reactores. Uma vez que o carvão contém pequenas quantidades de urânio e tório, estes elementos radioactivos podem ser emitidos para a atmosfera a partir de centrais eléctricas a carvão e de outras fontes.

3.4.20 Poluentes de interior: Quando um edifício não é corretamente ventilado, os poluentes podem acumular-se e atingir concentrações superiores às normalmente encontradas no exterior. Este problema tem sido objeto de atenção por parte dos meios de comunicação social sob a designação de Síndrome do Edifício Doente. O fumo ambiental do tabaco (FTA) é um dos principais factores que contribuem para a poluição interior, tal como o CO, o NO e o so_2, que podem ser emitidos por fornos e fogões. A limpeza ou remodelação de uma casa é uma atividade que pode contribuir para concentrações elevadas de substâncias químicas nocivas, como os COV emitidos por produtos de limpeza domésticos, tintas e vernizes. Além disso, quando as bactérias morrem, libertam endotoxinas para o ar, que podem causar efeitos adversos para a saúde. Por isso, a ventilação é importante quando se cozinha, limpa e desinfecta num edifício. Uma fonte geo-génica de poluição do ar interior é o rádon.

3.5 Poluentes atmosféricos secundários (os que se formam na atmosfera por interações químicas entre os poluentes primários e as condições atmosféricas normais)

Os poluentes secundários não são emitidos diretamente para o ar, a água ou o solo. Os poluentes secundários são sintetizados no ambiente através de reacções químicas que envolvem substâncias químicas primárias ou emitidas.

Os poluentes secundários mais conhecidos são certos gases que são sintetizados por reacções fotoquímicas na baixa atmosfera. As principais substâncias químicas emitidas nestas reacções são os hidrocarbonetos e os óxidos de azoto gasosos, como o óxido nítrico e o dióxido de azoto. Estas substâncias químicas emitidas participam num complexo de reacções fotoquímicas conduzidas por raios ultravioleta em dias de sol para sintetizar alguns poluentes secundários importantes, nomeadamente o ozono, o nitrato de peroxiacetilo, o peróxido de hidrogénio e os aldeídos. Estes compostos secundários, especialmente o ozono, são os principais ingredientes do smog oxidante ou fotoquímico, que causa danos às pessoas e à vegetação expostas a este tipo de poluição.

A maior parte do ozono encontra-se na atmosfera superior, onde actua como filtro de grande parte da radiação nociva do sol. O ozono de nível superior é uma parte importante do sistema de suporte de vida da Terra. O ozono de nível inferior é criado quando a luz solar atinge os hidrocarbonetos e os óxidos de azoto libertados na baixa atmosfera por processos industriais e naturais. O ozono é bem conhecido como irritante para o sistema respiratório humano, como um forte oxidante que provoca o envelhecimento rápido e a degradação da resistência dos materiais e como um produto químico tóxico para as plantas. Em termos de danos causados às plantas agrícolas e selvagens, o ozono é o poluente atmosférico mais prejudicial na América do Norte. O ozono de baixa intensidade também actua como um gás com efeito de estufa, restringindo a fuga de calor da superfície da Terra e contribuindo assim para o processo de aquecimento global.

Os cientistas estimam que a quantidade de ozono de baixo nível atualmente presente na atmosfera terrestre é 100-200 vezes superior à que existia há apenas 100 anos. A formação de ozono de baixo nível pode ser retardada através da redução das emissões de hidrocarbonetos e óxidos de azoto criados pelo homem para a atmosfera. A redução das emissões de hidrocarbonetos através da utilização de conversores catalíticos nos veículos e, de um modo geral, a redução do tempo de deslocação dos automóveis ajuda, tal como a utilização de dispositivos de filtragem para depurar as emissões atmosféricas industriais. No entanto, muitos filtros e conversores não conseguem remover os óxidos de azoto das emissões, e os óxidos de azoto produzidos pelo homem podem combinar-se com os hidrocarbonetos produzidos naturalmente tão facilmente como com os hidrocarbonetos produzidos pelo homem. A plantação de árvores e plantas não ajuda, mas o desenvolvimento e a instalação de conversores e filtros para remover tanto os hidrocarbonetos como os óxidos de azoto pode ajudar.

Os poluentes secundários podem também formar-se de outras formas. Por exemplo, quando os solos e as águas superficiais se acidificam devido a deposições atmosféricas ou outros processos, o alumínio que ocorre naturalmente nos minerais do solo ou dos sedimentos torna-se mais solúvel e, por conseguinte, mais disponível para ser absorvido pelos organismos. As formas iónicas e solúveis do alumínio são o fator tóxico mais importante para as plantas que crescem em solos ácidos e para os peixes que vivem em águas ácidas. Neste contexto, o alumínio pode ser considerado um poluente secundário porque se torna biologicamente disponível em consequência da acidificação.

Capítulo 4: Efeitos dos poluentes atmosféricos na saúde humana e na vegetação

4.1 Fontes e efeitos dos metais na saúde

Com o aumento da poluição ambiental, o estudo da avaliação da exposição a metais pesados tem vindo a ganhar força em diferentes países. Os metais combinam-se com proteínas de baixo peso molecular e formam complexos inertes, surgindo efeitos tóxicos quando atingem as concentrações críticas na célula. A toxicidade dos metais varia de indivíduo para indivíduo. No entanto, alguns metais são essenciais para o funcionamento normal do corpo e esses metais são conhecidos como metais essenciais. No presente estudo, foram analisados onze metais essenciais (Cu, Ni, Co, Fe, Cr, Zn, Mn, Ca, Mg, K e Na) e dois metais não essenciais (Pb e Cd) em diferentes matrizes ambientais e géneros alimentícios. Antes de estimar a ingestão e o risco devido a esses metais, será prudente conhecer a química geral, as utilizações, as fontes e os efeitos na saúde, que são apresentados de seguida.

Metais essenciais

Metais não essenciais

4.1.1 Metais essenciais

O cálcio é também um macronutriente essencial para o ser humano, que representa aproximadamente 2% do peso corporal de uma pessoa adulta. Tem sobretudo uma função estrutural nos ossos e nos dentes. O cálcio é um elemento metálico, o quinto em abundância na crosta terrestre. Encontra-se sempre no ambiente sob a forma combinada. Ocorre abundantemente na natureza sob a forma de calcário, gesso e fluorite. É utilizado como agente redutor no processamento de outros metais, como o tório, o urânio e o zircónio, etc., e também como desoxidante, dessulfurizante ou descarbonizante para várias ligas ferrosas e não ferrosas. É utilizada como agente de liga para ligas de alumínio, berílio, cobre, chumbo e magnésio e serve como um getter para gases residuais em tubos de vácuo, etc. A cal viva tem inúmeras utilizações em várias indústrias. O cálcio do calcário é um elemento importante no cimento Portland.

Para além do papel estrutural do cálcio nos ossos e nos dentes, reconhece-se atualmente que todas as células vivas necessitam de cálcio para desempenharem as suas funções especializadas. O cálcio intracelular actua como um mensageiro secundário e permite que as células respondam a estímulos como as hormonas ou os neurotransmissores. O movimento do cálcio dos compartimentos intracelulares para o citosol dá início a eventos como a divisão celular, a secreção e o movimento. Sabe-se que as maiores necessidades deste elemento são produzidas durante os períodos de crescimento máximo, como na infância e na adolescência, e também durante a lactação e nos idosos. Sabe-se que 99% do cálcio corporal está localizado no osso; portanto, as necessidades deste mineral são determinadas pelas do esqueleto. Neste sentido, uma ingestão óptima de cálcio durante a fase de crescimento refere-se ao consumo dos níveis de cálcio necessários pelo indivíduo para aumentar o pico máximo de massa óssea, com o objetivo de a manter durante a vida adulta e de minimizar as suas perdas nos idosos. O papel do cálcio dietético na causa e no tratamento da osteoporose é ainda objeto de intenso debate. A deficiência secundária de vitamina D pode resultar da privação de cálcio. O cálcio é um elemento essencial para o corpo humano, mas a sua deficiência manifesta muitas anomalias, como a deficiência de vitamina D, doenças ósseas e outros desequilíbrios hormonais. No entanto, não foram encontrados efeitos adversos com a ingestão de suplementos de cálcio, exceto a obstipação em alguns indivíduos.

O crómio é um metal cinzento e duro, mais comummente encontrado no estado trivalente na natureza.

Os compostos hexavalentes (crómio (VI)) são também encontrados em pequenas quantidades. A cromite (FeOCr2O3) é o único minério que contém uma quantidade significativa de crómio. O crómio é um elemento essencial para manter o metabolismo normal da glicose e a tolerância à glicose nos seres humanos. O Cr (III) actua como um co-fator com a insulina a nível celular através da formação de um complexo ternário. Tanto a forma trivalente como a hexavalente são biologicamente importantes, mas o Cr (IV) é muito mais tóxico do que o Cr (III).

O cromato e o dicromato de sódio encontram-se atualmente entre os produtos de crómio mais importantes e são utilizados principalmente no fabrico de ácido crómico e de pigmentos de crómio, no curtimento de peles e no controlo da corrosão. O crómio é também utilizado no fabrico de aço inoxidável e de outras ligas. O trióxido é utilizado na cromagem, na decapagem do cobre e como inibidor de corrosão. O crómio (VI) no solo pode ser rapidamente reduzido a crómio (III) pela matéria orgânica. Como o crómio é quase omnipresente na natureza, o crómio no ar pode ter origem na erosão eólica de xistos, argilas e muitos outros tipos de solo. O crómio encontra-se numa variedade de alimentos sob a forma de um complexo com o ácido nicotínico e possivelmente com a glicina, o ácido glutâmico e a cisteína. O crómio nesta forma complexa, denominada "fator de tolerância à glicose", é melhor absorvido do que na forma inorgânica. As proteínas animais são a melhor e mais fiável fonte de crómio.

O crómio (III) é reconhecido como um oligoelemento essencial tanto para os seres humanos como para os animais. Está presente no ARN. Desempenha um papel vital no metabolismo da insulina como fator de tolerância à glicose. Os compostos de crómio (VI) são tóxicos e carcinogénicos, mas os vários compostos têm uma vasta gama de potências. Uma vez que a árvore brônquica é o principal órgão-alvo dos efeitos carcinogénicos dos compostos de crómio (VI) e que o cancro ocorre principalmente após exposição por inalação, a absorção nos órgãos respiratórios é de grande importância no que diz respeito ao risco subsequente de cancro nos seres humanos.

O aparecimento de ulcerações e subsequentes perfurações do septo nasal após a exposição a compostos de crómio (VI) é considerado um dos marcadores dos efeitos tóxicos resultantes da exposição. A deposição de partículas contendo crómio (VI) pode explicar a ocorrência de ulcerações do septo nasal a níveis baixos de exposição. Foi relatada necrose dos rins, começando com necrose tubular e glomérulos não danificados, bem como necrose difusa do fígado e subsequente perda de arquitetura. A informação sobre a especiação do crómio no ar ambiente é essencial, uma vez que, quando inalado, apenas o crómio hexavalente é carcinogénico para os seres humanos. Os dados disponíveis provêm de estudos realizados com trabalhadores expostos ao crómio (VI). Partindo do princípio de que existe uma relação linear dose-resposta entre a exposição a compostos de crómio (VI) e o cancro do pulmão, não é possível recomendar um nível seguro de crómio (VI).

O cobalto é um oligoelemento essencial que entra na composição da vitamina B12. Para a população em geral, os alimentos e as bebidas representam a principal fonte de exposição ao cobalto. O cobalto é produzido principalmente como um subproduto da extração e processamento de minérios de cobre e níquel, que normalmente contêm < 1% de cobalto. As ligas de cobalto incluem (a) as super ligas fortes e resistentes à corrosão que contêm crómio, níquel, tungsténio e tântalo. Alumínio, titânio, zircónio e pequenas quantidades de outros metais; b) as ligas magnéticas que contêm cobalto, níquel, alumínio, cobre e titânio; c) os aços de alta resistência que contêm cobalto; d) as ligas electrodepositadas; e) as ligas com propriedades especiais, como as utilizadas em implantes cirúrgicos; e f) as ligas de metal duro (ou carbonetos cimentados), que representam uma das mais importantes utilizações do cobalto. O pó de cobalto é também utilizado na produção de discos de polimento de diamante. Vários compostos de cobalto são utilizados como pigmentos nas indústrias do vidro e da cerâmica, como agentes de secagem para tintas, vernizes, tintas de impressão, catalisadores nas indústrias petrolífera e química e como aditivos de metais vestigiais para utilizações agrícolas e médicas.

Na indústria, o potencial de exposição ao cobalto é particularmente importante durante a produção de pó de cobalto, a produção, o processamento e a utilização de metais duros, o polimento de diamantes com discos contendo cobalto e o processamento de ligas de cobalto. Exceto na produção de pós de cobalto, estas actividades envolvem a exposição não só ao cobalto mas também a outras substâncias, como o carboneto de tungsténio e o ferro, que podem modular a reatividade biológica do cobalto. Os sais de cobalto são utilizados para a preparação de esmaltes e pigmentos. O cobalto é absorvido principalmente pelo trato pulmonar e pelo trato gastrointestinal. A absorção através da pele pode ocorrer, mas é baixa. O cobalto não é uma toxina cumulativa e é excretado principalmente na urina e, em menor grau, através das fezes. O cobalto no sangue e na urina reflecte principalmente a exposição atual.

As manifestações tóxicas, no entanto, têm sido registadas principalmente após a inalação de poeiras contendo cobalto na indústria. Os dois principais órgãos-alvo são a pele e o trato respiratório. O próprio cobalto pode causar dermatite alérgica, rinite e asma. A inalação de poeiras contendo cobalto também conduziu a reacções patológicas no parênquima pulmonar. Atualmente, não existem provas suficientes que indiquem se o cobalto, por si só, pode aumentar o risco de cancro do pulmão nos trabalhadores. A exposição concomitante ao cobalto e a outras substâncias, como acontece na indústria de metais duros, pode aumentar o risco de cancro do pulmão, mas isto requer confirmação. Para os trabalhadores expostos a pó de cobalto metálico puro, sais de cobalto e poeiras contendo cobalto, os dois principais órgãos-alvo são a pele e o trato respiratório. A inflamação da nasofaringe resultante de uma ação irritativa específica das partículas que contêm cobalto ou de uma reação imunologicamente mediada pode ocorrer principalmente entre os trabalhadores de metais duros.

O cobre é um dos metais mais antigos que se conhecem. O cobre é um importante condutor de calor e de eletricidade. É também utilizado em tubagens de água, revestimentos de telhados, artigos domésticos e equipamento químico, nas artes e em muitas ligas (por exemplo, latão e bronze). Os óxidos, cloretos, sulfatos, brometos e carbonatos de cobre são amplamente utilizados no controlo de pragas, como corantes inorgânicos, como aditivos alimentares, em fotografia, em desinfectantes de sementes, como fungicidas e algicidas e em eletrodeposição.

O cobre é um elemento calcófilo que se encontra maioritariamente em depósitos de sulfuretos, juntamente com o Pb, o Cd e o Zn. É utilizado no fabrico de ligas, tintas, cerâmicas e pesticidas. A contaminação do ar com cobre ocorre normalmente perto de fundições industriais utilizadas para produzir Zn e outros metais não ferrosos. O cobre é transportado a longas distâncias pelo ar e pela água. A indústria do ferro e do aço, a indústria de fertilizantes e a queima de madeira são outras fontes de cobre na atmosfera. A poluição da água devido ao cobre resulta da descarga de rejeitos de minas, da eliminação de cinzas volantes e da eliminação de resíduos municipais e industriais.

O cobre é um elemento essencial para a saúde humana. A Academia Nacional de Ciências recomendou 2 a 3 mg de cobre como uma dose diária segura e adequada. Foi demonstrado que o cobre tem um efeito protetor contra o envenenamento por cádmio, e as pessoas que não têm cobre suficiente na sua dieta podem ser mais susceptíveis aos efeitos adversos do chumbo. Beber água com concentrações iguais ou superiores a 30 ppm de cobre pode provocar vómitos, diarreia, cólicas estomacais e náuseas. Grandes ingestões podem causar danos no fígado ou nos rins, podendo mesmo resultar em morte em caso de exposição extrema. As pessoas com doença de Wilson têm um defeito genético que resulta na acumulação de cobre nos tecidos, incluindo o fígado, os rins e a córnea. O excesso de cobre neste subgrupo sensível pode causar danos nos rins, fígado e cérebro e pode também levar a anemia hemolítica e outros efeitos. A exposição prolongada ao pó de cobre no ar pode irritar o nariz, a boca e os olhos e causar dores de cabeça, tonturas, náuseas e diarreia. Em algumas pessoas, o contacto da pele com o cobre pode resultar numa reação alérgica que se manifesta sob a forma de irritação ou erupção cutânea. Não existem dados que indiquem que o cobre possa causar cancro e a Agência Internacional de Investigação sobre o Cancro declarou que não é um carcinogéneo humano. Da mesma forma, não existem dados que indiquem que possa causar defeitos congénitos nos seres humanos.

O ferro é o segundo metal mais abundante na crosta terrestre, representando cerca de 5% do total. O ferro elementar raramente é encontrado na natureza, uma vez que os iões de ferro Fe^{2+} e Fe^{3+} se combinam facilmente com compostos contendo oxigénio e enxofre para formar óxidos, hidróxidos, carbonatos e sulfuretos. O ferro é mais comummente encontrado na natureza sob a forma de óxidos. No abastecimento de água potável, os sais de ferro (II) são instáveis e precipitam-se como hidróxido de ferro (III) insolúvel, que se deposita como um sedimento cor de ferrugem. As águas subterrâneas anaeróbias podem conter ferro (II) em concentrações até vários miligramas por litro sem descoloração ou turvação da água. O ferro também promove o crescimento de bactérias indesejáveis ("bactérias de ferro") num sistema de distribuição de água, resultando na deposição de um revestimento viscoso nas tubagens. O ferro é utilizado como material de construção para tubagens de água potável. Os óxidos de ferro são utilizados como pigmentos em tintas e plásticos. Outros compostos são utilizados como corantes alimentares e para o tratamento de deficiências de ferro nos seres humanos. Vários sais de ferro são utilizados como coagulantes no tratamento da água.

O ferro é um elemento essencial na nutrição humana. As estimativas das necessidades diárias mínimas de ferro dependem da idade, do sexo, do estado fisiológico e da biodisponibilidade do ferro e variam entre cerca de 10 e 50 mg/dia. A dose letal média de ferro é de 200-250 mg/kg de peso corporal, mas a morte ocorreu após a ingestão de doses tão baixas como 40 mg/kg de peso corporal.

O manganês é um elemento amplamente distribuído na crosta terrestre. É considerado o décimo segundo elemento mais abundante e o quinto metal mais abundante. O manganês não ocorre naturalmente em estado puro; os óxidos, carbonatos e silicatos são os minerais mais importantes que contêm manganês. O mineral de manganês mais comum é a pirolusite (MnO_2), normalmente extraída em depósitos sedimentares por técnicas de extração a céu aberto. O manganês encontra-se na maioria dos minérios de ferro. *O manganês* é utilizado principalmente em processos metalúrgicos, como aditivo desoxidante e dessulfurizante e como componente de liga. É também utilizado na produção de baterias de pilhas secas, no fabrico de produtos químicos, no fabrico de vidro, nas indústrias do couro e têxtil e como fertilizante. O manganês da crosta entra na atmosfera através de vários processos naturais e antropogénicos, que incluem a suspensão de poeiras rodoviárias pelos veículos e a erosão eólica, bem como a suspensão de solos, particularmente em actividades agrícolas, de construção e de exploração de pedreiras. A fundição de minérios naturais e a combustão de combustíveis fósseis também resultam na ejeção de manganês da crosta para a atmosfera sob a forma de fumos ou cinzas na gama das partículas finas. As partículas grossas de manganês tendem a depositar-se perto das fontes de poluição, mas as partículas finas de manganês podem distribuir-se muito amplamente.

Vários estudos epidemiológicos de trabalhadores forneceram provas consistentes que indicam que a neurotoxicidade está associada à exposição profissional de baixo nível ao manganês. Quando exposto a níveis elevados de Mn, este acumula-se nos rins, no fígado e nos ossos e provoca a "Psicose Manganésica", uma doença cerebral irreversível caracterizada por riso incontrolável, euforia, impulsividade, excitação sexual seguida de impotência, etc. A toxicidade do manganês varia consoante a via de exposição. Por ingestão, o manganês tem uma toxicidade relativamente baixa em níveis de exposição típicos e é considerado um oligoelemento nutricionalmente essencial. Por inalação, no entanto, o manganês é conhecido desde o início do século XIX por ser tóxico para os trabalhadores. O manganês é caracterizado por várias perturbações psiquiátricas e do movimento, com alguma semelhança geral com a doença de Parkinson em termos de dificuldades no controlo fino de alguns movimentos, falta de expressão facial e envolvimento dos sistemas neuroanatómicos e neuroquímicos subjacentes. Os efeitos respiratórios, como a pneumonite e a pneumonia, e as disfunções reprodutivas, como a redução da libido, são também caraterísticas frequentemente comunicadas da intoxicação profissional por manganês. Os dados disponíveis são inadequados para determinar se o manganês é carcinogénico; alguns relatórios sugerem que pode até ser protetor contra o cancro.

O magnésio é o oitavo elemento mais abundante na crosta terrestre. Encontra-se em grandes depósitos sob a forma de magnetite, dolomite e outros minerais. É utilizado na fotografia com lanterna, nos foguetes e na pirotecnia, incluindo as bombas incendiárias. A sua liga é utilizada na construção de aviões e mísseis. O metal melhora as caraterísticas mecânicas, de fabrico e de manuseamento do alumínio quando utilizado como agente de liga.

As clorofilas são estruturas em anel centradas no magnésio. O magnésio desempenha um papel essencial numa vasta gama de reacções celulares fundamentais. Está envolvido em muitas etapas enzimáticas nas quais os componentes dos alimentos são metabolizados e novos produtos são formados. Está envolvido na síntese de ácidos gordos, na ativação de aminoácidos, na síntese de proteínas, na fosforilação da glucose, etc.

O níquel (Ni) é um metal duro, branco-prateado, que se encontra amplamente distribuído na natureza, constituindo cerca de 0,008% da crosta terrestre. Os sais solúveis de níquel incluem o cloreto, o sulfato e o nitrato. Nos sistemas biológicos, o níquel forma complexos com trifosfato de adenosina, aminoácidos, péptidos, proteínas e ácido desoxirribonucleico.

Existem duas classes comerciais de minério de níquel, os minérios de sulfureto (pentlandite e pirrotite) e o óxido de silicato. As utilizações intermédias do níquel incluem a produção de aço, a produção de outras ligas e a galvanoplastia sob a forma de sulfato de níquel. Estas fontes são responsáveis por cerca de 90% do total das emissões a nível mundial. O valor correspondente para as emissões de sulfato de níquel resultantes da combustão do carvão é de 20-80%. A fração insolúvel das cinzas volantes emitidas pela combustão do petróleo e do carvão existe sob a forma de óxidos de níquel e de óxidos de metais complexos (ferrites, aluminatos, etc.).

Foram registadas lesões pulmonares graves após exposição aguda por inalação ao carbonilo de níquel. Os efeitos renais e a dermatite estão presumivelmente relacionados com a absorção de níquel por inalação e ingestão, para além do contacto cutâneo para a dermatite. Foram documentadas reacções alérgicas cutâneas ao níquel (dermatite) tanto em trabalhadores do sector do níquel como na população em geral. No entanto, a importância do níquel como causa de reacções cutâneas induzidas por motivos profissionais está a diminuir. Em contrapartida, há provas de que o níquel é cada vez mais um alergénio importante na população em geral, especialmente nas mulheres.

O trato respiratório é também um órgão alvo das manifestações alérgicas da exposição ao níquel. Foi registada asma alérgica entre trabalhadores da indústria de revestimento após exposição ao sulfato de níquel. Não existem estudos que relacionem a absorção de níquel do ambiente com a incidência de cancro na população em geral. É consensual que os trabalhadores das refinarias de níquel expostos por inalação a vários compostos de níquel no passado correm um risco significativamente mais elevado de cancro dos pulmões e da cavidade nasal do que a população não exposta profissionalmente. O cancro da laringe, o cancro do rim e o cancro da próstata ou dos ossos também foram detectados em trabalhadores do sector do níquel, mas as provas epidemiológicas não indicam uma relação com a exposição ao níquel ou com qualquer outra origem profissional.

O potássio é o sétimo elemento abundante e constitui cerca de 2,4% em peso da crosta terrestre. A maior procura de potássio tem sido a sua utilização em fertilizantes. O potássio é um constituinte essencial para o crescimento das plantas e encontra-se na maioria dos solos. Uma liga de sódio e potássio é utilizada como meio de transferência de calor. O potássio é o principal catião intracelular, enquanto o sódio é o extracelular. A principal função do K no corpo é manter a pressão osmótica normal dos diferentes fluidos corporais através do corpo e, assim, proteger o corpo contra a perda excessiva de fluidos, que de outra forma perturbaria a hidratação normal. Os sais de potássio com os ácidos fracos correspondentes formam o sistema tampão nos fluidos intracelulares. O tampão desempenha um papel vital na regulação do pH de vários fluidos em várias condições fisiológicas. Desempenha um papel importante na manutenção da irritabilidade e da excitabilidade neuromusculares normais. O potássio entra no fluido intracelular durante o período de crescimento e reparação celular, ou seja, durante o aumento do anabolismo proteico que ocorre espontaneamente ou induzido por agentes como a hormona do crescimento ou os androgénios. Não tem efeitos adversos na saúde humana, mas a sua deficiência manifesta muitas anomalias. Por conseguinte, é importante manter um controlo da ingestão de substâncias através do ar, da água e dos alimentos por parte do público.

O sódio metálico é utilizado no fabrico de chumbo tetraetilo e de hidreto de sódio, na produção de titânio, como catalisador para borracha sintética, como reagente de laboratório, como refrigerante em reactores nucleares, em cabos de energia eléctrica, em iluminação não ofuscante para estradas e como meio de transferência de calor em geradores eléctricos movidos a energia solar. Os sais de sódio são utilizados no tratamento da água, incluindo o amaciamento, a desinfeção, o controlo da corrosão, o ajustamento do pH e a coagulação. Os sais de sódio são geralmente muito solúveis em água e são lixiviados do ambiente terrestre para as águas subterrâneas e superficiais. Não são voláteis e, por conseguinte, só podem ser encontrados na atmosfera em associação com partículas.

Os efeitos nos bebés são diferentes dos dos adultos devido à imaturidade dos rins dos bebés. Os bebés com infecções gastrointestinais graves podem sofrer perdas de fluidos, o que leva à desidratação e a níveis elevados de sódio no plasma (hipernatremia); nestas condições, é comum haver danos neurológicos permanentes. Embora exista uma associação entre a hipertensão e certas doenças, como a doença coronária, as diferenças genéticas na suscetibilidade, os minerais possivelmente protectores (potássio e cálcio) e as deficiências metodológicas nas experiências dificultam a quantificação da relação, e o sódio na água potável contribui geralmente apenas com uma pequena parte para o sódio alimentar total. Por conseguinte, não é aceite qualquer valor de orientação com base na saúde.

O zinco é um elemento essencial em todos os organismos vivos. Foram identificadas cerca de 200 enzimas que contêm zinco, incluindo muitas desidrogenases, aldolases, peptidases, polimerases e fosfatases. O zinco ocorre em pequenas quantidades em quase todas as rochas ígneas. Os principais minérios de zinco são os sulfuretos, como a esfalerite e a wurzite. O zinco é utilizado na produção de ligas resistentes à corrosão e latão, e para galvanizar produtos de aço e ferro. O óxido de zinco, utilizado na borracha como pigmento branco, por exemplo, é o composto de zinco mais utilizado. O zinco peroral é ocasionalmente utilizado para tratar a deficiência de zinco nos seres humanos.

A toxicidade aguda resulta da ingestão de quantidades excessivas de sais de zinco, acidental ou deliberadamente, como emético ou suplemento dietético. O vómito ocorre normalmente após o consumo de mais de 500 mg de sulfato de zinco. Foi relatado envenenamento em massa após a ingestão de bebidas ácidas mantidas em recipientes galvanizados; febre, náuseas, vómitos, cólicas estomacais e diarreia ocorreram após a ingestão. Foram registados efeitos tóxicos agudos da inalação de zinco em trabalhadores industriais expostos a fumos de zinco, os sintomas incluem problemas pulmonares, febre, arrepios e gastroenterite.

4.1.2 Metais não essenciais

Os metais que não são essenciais para os processos vitais são designados por metais não essenciais. No presente estudo, dos treze metais, apenas dois são não essenciais, ou seja, o chumbo e o cádmio. A introdução geral, as utilizações, as fontes e os efeitos destes metais na saúde são apresentados em seguida.

O cádmio (Cd) é um metal macio, dúctil, branco-prateado, relativamente raro (0,2 ppm) na crosta terrestre e não se encontra no estado puro na natureza, pertencendo ao mesmo grupo que o zinco e o mercúrio. No ar, o cádmio é rapidamente oxidado em óxido de cádmio. Na presença de gases ou vapores reactivos como o dióxido de carbono, vapor de água, dióxido de enxofre, trióxido de enxofre ou cloreto de hidrogénio, o vapor de cádmio reage produzindo carbonato, hidróxido, sulfito, sulfato ou cloreto de cádmio, respetivamente. Estes compostos podem ser formados nas chaminés e emitidos para o ambiente. Vários compostos inorgânicos de cádmio são bastante solúveis em água, por exemplo, o acetato, o cloreto e o sulfato, ao passo que o óxido, o carbonato e o sulfureto de cádmio são quase insolúveis.

Ocorre principalmente em associação com os minérios sulfuretos de zinco, chumbo e cobre. É um subproduto da indústria do zinco; a sua produção é assim determinada essencialmente pela do zinco. No passado, o cádmio era utilizado principalmente na galvanoplastia de metais e em pigmentos ou estabilizadores para plásticos. O sector dos revestimentos de engenharia e da galvanização consumia muito cádmio em todo o mundo. Atualmente, o fabrico de baterias de cádmio-níquel consome mais de 50% da produção de cádmio e espera-se que esta aplicação se expanda com a utilização crescente de baterias recarregáveis e a sua potencial utilização em veículos eléctricos. A nível mundial, cerca de 85-90% das emissões totais de cádmio em suspensão no ar provêm de fontes antropogénicas, principalmente da fundição e refinação de metais não ferrosos, da combustão de combustíveis fósseis e da incineração de resíduos urbanos. A fonte natural de cádmio são as emissões vulcânicas.

O chumbo é um poluente omnipresente no ecossistema. Numa escala global, a combustão de aditivos de alquil-chumbo em combustíveis para motores é responsável pela maior parte de todas as emissões de chumbo para a atmosfera. Devido à eliminação progressiva da gasolina com chumbo, a fonte devida ao escape dos automóveis diminuiu rapidamente nas últimas duas décadas. As fontes pontuais, como as fundições primárias ou secundárias de chumbo, podem criar problemas de poluição local. Além disso, a refinação e o fabrico de compostos contendo chumbo e a incineração de bens e resíduos também dão origem a emissões de chumbo. Uma vez que o carvão, tal como muitos minerais, rochas e sedimentos, contém normalmente baixas concentrações de chumbo, algumas outras actividades industriais, como a produção de ferro e aço, a fundição de cobre e a combustão de carvão, devem ser consideradas fontes adicionais de emissões de chumbo para a atmosfera. A presença de tubagens de água com chumbo nas casas pode ser uma fonte importante de exposição ao chumbo para os seres humanos.

A toxicidade do chumbo pode ser explicada, em grande parte, pela sua interferência em diferentes sistemas enzimáticos: o chumbo inativa estas enzimas ligando-se aos grupos -SH das suas proteínas ou deslocando outros iões metálicos essenciais. Por este motivo, muitos órgãos ou sistemas de órgãos são alvos potenciais do chumbo, tendo sido documentada uma vasta gama de efeitos biológicos do chumbo. Estes incluem efeitos sobre a biossíntese de danos, o sistema nervoso, os rins e a reprodução, bem como efeitos cardiovasculares, hepáticos, endócrinos e gastrointestinais.

A exposição ao chumbo afecta principalmente a biossíntese de substâncias nocivas, o sistema nervoso, a pressão arterial e os efeitos cardiovasculares, bem como a função renal. O processo normal de biossíntese de substâncias nocivas e a sua perturbação pelo chumbo são bem conhecidos. A nível celular, as etapas inicial e final da formação de danos são mitocondriais, enquanto as etapas intermédias têm lugar no citoplasma. Essencialmente, o chumbo interfere com a atividade de enzimas como a delta-ácido aminolaevulínico sintetase (ALAS), a enzima citoplasmática δ-ALAD e a ferroquelatase intramitocondrial. Os efeitos do chumbo na eritropoiese e na fisiologia dos eritrócitos representam sinais mais diretos de danos no sistema hematopoiético do que os precursores de hemoglobina no sangue ou na urina.

Quadro 4.1: Efeitos da poluição atmosférica na saúde, no ambiente e no clima

Poluente	Efeitos na saúde	Efeitos ambientais e climáticos
Ozono (o3)	Diminui a função pulmonar e provoca sintomas respiratórios, como tosse e falta de ar; agrava a asma e outras doenças pulmonares, levando a um aumento da utilização de medicamentos, internamentos hospitalares, visitas a serviços de urgência e mortalidade prematura.	Danifica a vegetação, ferindo visivelmente as folhas, reduzindo a fotossíntese, prejudicando a reprodução e o crescimento e diminuindo o rendimento das culturas. Os danos causados pelo ozono às plantas podem alterar a estrutura do ecossistema, reduzir a biodiversidade e diminuir a absorção de CO_2 pelas plantas. O ozono é também um gás com efeito de estufa que contribui para o aquecimento da atmosfera.
Partículas Matéria (PM)	As exposições a curto prazo podem agravar as doenças cardíacas ou pulmonares, conduzindo a sintomas, aumento da utilização de medicamentos, internamentos hospitalares, visitas às urgências e mortalidade prematura; as exposições a longo prazo podem conduzir ao desenvolvimento de doenças cardíacas ou pulmonares e à mortalidade prematura.	Prejudica a visibilidade, afecta negativamente os processos do ecossistema e danifica e/ou suja estruturas e propriedades. Impactos climáticos variáveis consoante o tipo de partículas. A maioria das partículas são reflectoras e conduzem a um arrefecimento líquido, enquanto algumas (especialmente o carbono negro) absorvem energia e conduzem ao aquecimento. Outros impactos incluem a alteração do calendário e da localização dos padrões tradicionais de precipitação.
Chumbo (Pb)	Danifica o sistema nervoso em desenvolvimento, resultando em perda de QI e em impactos na aprendizagem, na memória e no comportamento das crianças. Efeitos cardiovasculares e renais nos adultos e efeitos precoces relacionados com a anemia.	Prejudica as plantas e a vida selvagem, acumula-se nos solos e tem um impacto negativo nos sistemas terrestres e aquáticos.
Óxidos de enxofre (SOx)	Agravam a asma, provocando pieira, aperto no peito e falta de ar, aumento da utilização de medicamentos, internamentos hospitalares e visitas às urgências; níveis muito elevados podem provocar sintomas respiratórios em pessoas sem doença pulmonar.	Contribui para a acidificação do solo e das águas superficiais e para a metilação do mercúrio em zonas húmidas. Causa danos na vegetação e perdas locais de espécies em sistemas aquáticos e terrestres. Contribui para a formação de partículas com efeitos ambientais associados. As partículas de sulfato contribuem para o arrefecimento da atmosfera.

Óxidos de azoto (NOx)	Agravam as doenças pulmonares, levando a sintomas respiratórios, internamentos hospitalares e visitas às urgências; aumentam a suscetibilidade a infecções respiratórias.	Contribui para a acidificação e o enriquecimento em nutrientes (eutrofização, saturação em azoto) do solo e das águas de superfície. Conduz a perdas de biodiversidade. Tem impacto nos níveis de ozono, partículas e metano, com efeitos ambientais e climáticos associados.
Monóxido de carbono (CO)	Reduz a quantidade de oxigénio que chega aos órgãos e tecidos do corpo; agrava a doença cardíaca, resultando em dores no peito e outros sintomas que levam a internamentos hospitalares e visitas às urgências.	Contribui para a formação de CO2 e de ozono, gases com efeito de estufa que aquecem a atmosfera.
Amoníaco (NH3)	Contribui para a formação de partículas com efeitos associados para a saúde.	Contribui para a eutrofização das águas superficiais e para a contaminação das águas subterrâneas por nitratos. Contribui para a formação de partículas de nitrato e sulfato com os efeitos ambientais e climáticos associados.
Compostos orgânicos voláteis (COV)	Alguns são poluentes atmosféricos tóxicos que causam cancro e outros problemas de saúde graves. Contribuem para a formação de ozono com efeitos associados para a saúde.	Contribui para a formação de ozono com efeitos ambientais e climáticos associados. Contribui para a formação de CO2 e ozono, gases com efeito de estufa que aquecem a atmosfera.
Mercúrio (Hg)	Provoca danos no fígado, nos rins e no cérebro, bem como danos neurológicos e de desenvolvimento.	Deposita-se em rios, lagos e oceanos, onde se acumula nos peixes, resultando na exposição de seres humanos e animais selvagens.
Outros poluentes tóxicos do ar	Causam cancro; danos no sistema imunitário; e problemas neurológicos, reprodutivos, de desenvolvimento, respiratórios e outros problemas de saúde. Alguns poluentes atmosféricos tóxicos contribuem para a poluição do ozono e das partículas, com os efeitos associados para a saúde.	Nocivo para a vida selvagem e para o gado. Alguns poluentes tóxicos do ar acumulam-se na cadeia alimentar. Alguns poluentes atmosféricos tóxicos contribuem para a poluição do ozono e das partículas, com os efeitos ambientais e climáticos associados.

Capítulo 5: Efeitos dos poluentes atmosféricos nas estruturas físicas e nos materiais

A poluição atmosférica foi reconhecida há muito tempo como uma fonte de danos aos edifícios, monumentos e outros materiais não vivos, levando a perdas físicas e económicas irreparáveis. O processo de deterioração física foi muito acelerado após o início da revolução industrial, o que resultou num aumento dos níveis de poluição atmosférica. A poluição atmosférica tem efeitos generalizados nas estruturas físicas, principalmente através da corrosão de superfícies metálicas, da sujidade e erosão de edifícios e monumentos históricos, e de danos em revestimentos de superfícies, tintas, tecidos, têxteis, plásticos e outros materiais comerciais. Os poluentes atmosféricos comuns responsáveis por estes danos podem incluir névoas ácidas, dióxido de enxofre, sulfureto de hidrogénio, oxidantes como o ozono e partículas de natureza diversa *(Quadro 5.1)*.

Quadro 5.1: Efeitos de vários poluentes atmosféricos nos materiais

Poluentes	Efeitos
Amoníaco	Em associação com S0, a humidade causa danos em vernizes e tintas, e descolora os tecidos.
Dióxido de carbono	Danos nas pedras de construção devido à formação de ácido carbónico com a humidade.
Cloro	Corrosão e descoloração de metais, tintas e têxteis.
Crómio	Corrosão sob a forma de ácido crómico e descoloração de metais, tintas, materiais de construção, papel e têxteis.
Ácido clorídrico	Corrosão de metais e ligas.
Fluoreto de hidrogénio	Gravura em vidro e metais
Sulfureto de hidrogénio	Descoloração e manchamento de tintas à base de chumbo, cobre, zinco e prata.
Ferro	Manchas sob a forma de óxido de ferro e sujidade de tintas e outros materiais, têxteis.
Manganês	Sujidade da maioria dos materiais, têxteis
Óxidos de azoto	Provoca o amarelecimento dos têxteis brancos; desvanecimento das cores.
Poluentes odoríferos	Agarra-se à pele, ao cabelo e ao vestuário.
Ozono e oxidantes	Desbotamento das tintas, fissuração da borracha.
Partículas	Abrasão e corrosão da maioria dos metais, tintas e têxteis.
Fósforo	Corrosão da maioria dos materiais sob a forma de ácido fosfórico.
Óxidos de enxofre	Corrosão do aço, zinco, equipamento elétrico, ardósia calcária para telhados, mortal, estátuas, têxteis, couro, encadernações de livros; deterioração eletroquímica do ferro, alumínio, cobre, prata, materiais de construção, espuma, papel, têxteis.

Embora, comparativamente, tenha sido dada pouca atenção a este aspeto dos danos causados pela poluição atmosférica, foram feitas algumas tentativas significativas para compreender os mecanismos e correlacionar os danos materiais com os níveis de poluição atmosférica nos EUA e em alguns países europeus. Na Índia, o problema já existia, mas a atenção só foi dada há alguns anos, depois da controvérsia sobre o Taj Mahal relativamente aos efeitos prováveis da poluição atmosférica proveniente da refinaria de petróleo de Mathura. Atualmente, há um número crescente de relatos de monumentos danificados pela deterioração da qualidade do ar em vários locais da Índia, incluindo Ajanta e Allora. É necessária uma investigação pormenorizada deste problema, juntamente com um levantamento completo dos edifícios históricos, monumentos e outros objectos de interesse arqueológico e nacional, para avaliar os danos já causados e tomar as medidas adequadas para evitar uma maior deterioração.

5.1: Mecanismos e factores que influenciam os danos

Os danos causados às estruturas físicas pela poluição atmosférica podem ser provocados por vários mecanismos, dependendo da natureza do poluente e das condições ambientais.

5.1.1 Corrosão eletroquímica: A corrosão de vários metais, como o ferro, o zinco, o cobre e o alumínio, pode ocorrer através do mecanismo eletroquímico provocado pelo SO e por partículas corrosivas na presença de humidade.

5.1.2 Reacções químicas diretas: Em muitos casos, o dano pode ocorrer devido a uma reação química direta entre o poluente e o material da superfície. A erosão da superfície do mármore pelo dióxido de enxofre e o embaciamento da prata pelo sulfureto de hidrogénio são dois exemplos desta categoria.

5.1.2.1 Abrasão: As partículas que se deslocam a grande velocidade, nomeadamente durante as tempestades de poeira, podem provocar a abrasão das superfícies.

5.1.2.2 Deposição ou sedimentação de partículas: A matéria particulada presente no ar deposita-se constantemente nas superfícies por sedimentação gravitacional. As partículas depositadas podem estragar as superfícies e reduzir o valor estético dos edifícios. Por exemplo, o escurecimento de edifícios perto de estações ferroviárias e fábricas tem efeitos psicológicos adversos relacionados com a estética. Em segundo lugar, as operações de limpeza para remover a sujidade dos automóveis, do vestuário e de outras superfícies também podem causar danos e perda de brilho nos objectos.

Os factores ambientais importantes que influenciam os danos são a humidade, a temperatura, a luz solar e o vento. A humidade é essencial para as reacções químicas, a corrosão dos metais e a erosão de outras superfícies. A presença de humidade mais elevada conduz a danos excessivos nas estruturas e objectos. As temperaturas elevadas podem aumentar a taxa de decomposição química dos objectos. O clima tropical é bastante favorável aos danos causados pela poluição atmosférica, devido à temperatura e humidade elevadas. A luz solar também aumenta os danos dos objectos ao desvanecer as cores dos corantes e ao enfraquecer a resistência dos tecidos e polímeros. A presença da luz solar provoca igualmente a produção fotoquímica de ozono na atmosfera. A ação do vento determina a direção e a velocidade de transporte dos poluentes. Uma velocidade mais elevada do vento provoca maiores efeitos abrasivos. O vento pode também provocar a entrada de poluentes atmosféricos nos espaços interiores.

5.2 Danos em superfícies físicas

Edifícios e monumentos: A superfície dos edifícios e monumentos fica suja, desfigurada e danificada pelos poluentes atmosféricos de várias formas. Muitas das partículas aderem à pedra, ao tijolo, à pintura e às estruturas de vidro, formando uma película de fuligem e de areia. As substâncias alcatroadas da fuligem podem ser ácidas por natureza, o que leva à sua deterioração por processos físico-químicos. Os materiais pegajosos colocam problemas adicionais, uma vez que não são removidos pelas chuvas. A abrasão causada pelas partículas em movimento a alta velocidade provoca a erosão gradual das superfícies exteriores. As estruturas são também negativamente afectadas pela presença de gases ácidos como o dióxido de enxofre e o dióxido de carbono na atmosfera, que provocam a degradação físico-química da pedra, do mármore, do calcário e dos tijolos. A cal é normalmente utilizada em rebocos e como agente de cimentação. Quase todos os edifícios antigos, fortes e outros monumentos foram construídos com cal.

As reacções do dióxido de enxofre e do dióxido de enxofre com o carbonato de cálcio e a cal formam sulfatos de cálcio. Na presença de dióxido de carbono e humidade, podem também formar-se quantidades apreciáveis de bicarbonatos de cálcio. Todos estes materiais são solúveis e são arrastados pela chuva, deixando a superfície erodida exposta a novas reacções.

Corrosão dos metais: Os poluentes atmosféricos, tanto gasosos como particulados, aceleram o processo de corrosão dos metais. Um dos principais poluentes atmosféricos responsáveis pela corrosão dos metais é o dióxido de enxofre, que se transforma em ácido sulfúrico na presença de oxidantes e humidade. O ácido sulfúrico actua como agente de corrosão de metais como o ferro e as suas ligas, o zinco, o cobre e o alumínio. As partículas e o ozono também podem provocar a corrosão dos metais. O ozono provoca a oxidação dos metais. As partículas podem acelerar a corrosão através da adsorção de gases de corrosão como o SO, ou podem elas próprias atuar como agentes activos de corrosão. As partículas constituídas por sulfatos e cloretos podem servir de núcleos de corrosão para facilitar a corrosão.

Efeitos domésticos: Verificou-se que o dióxido de enxofre e o ozono reagem com um grande número de objectos normalmente presentes nas casas. Nas concentrações normalmente encontradas nos espaços interiores, o monóxido de carbono, o PAN e o dióxido de azoto têm pouco ou nenhum efeito sobre os materiais não vivos. No entanto, as concentrações normalmente encontradas de alguns outros poluentes nos espaços interiores podem danificar em grande medida os materiais domésticos. O ozono pode degradar objectos feitos de diferentes polímeros, bem como desvanecer uma variedade de corantes. O dióxido de enxofre é o principal responsável pela deterioração de numerosos materiais e superfícies interiores constituídos por têxteis, rayon, mármore, betão, metais e tintas, devido à sua natureza ácida. Os objectos como tapetes, tecidos para mobiliário e papel de parede são bastante sensíveis aos poluentes atmosféricos, sendo os efeitos mais pronunciados quando a humidade relativa é mais elevada. O nível de poluição do ar nos espaços interiores tem uma correlação direta com os custos de manutenção sob a forma de limpeza, lavandaria, substituições, pintura da casa e manutenção dos cabelos e do rosto.

Tintas: Um grande número de poluentes atmosféricos, como o dióxido de enxofre, o ozono, o sulfureto de hidrogénio, os fumos, as névoas e outros aerossóis, incluindo as partículas, podem danificar as tintas e os pigmentos utilizados nas obras de arte e nos revestimentos de superfícies. O desbotamento das cores das tintas é um problema comum causado por muitos poluentes. O sulfureto de hidrogénio pode reagir com os pigmentos à base de chumbo das tintas, levando ao seu escurecimento através da formação de sulfatos de chumbo. Os fumos e névoas de natureza química diferente podem também reagir com as tintas, danificando obras de arte e edifícios pintados. Há relatos de danos nas pinturas antigas de Ajanta devido ao aumento da poluição atmosférica causada pela atividade turística. Os frescos antigos também foram danificados pela poluição atmosférica em muitas cidades europeias. A poluição atmosférica pode também afetar a pintura dos veículos automóveis e dos painéis através de danos mecânicos e do desvanecimento químico.

Vidro e cerâmica: São comparativamente mais resistentes à poluição atmosférica, mas também podem ser afectados por exposições prolongadas a determinados poluentes. Os poluentes ácidos do ar na presença de humidade provocam danos no esmalte a longo prazo. O fluoreto de hidrogénio pode reagir com compostos de silício, afectando uma grande variedade de cerâmicas e vidros. Nas zonas industriais com concentrações mais elevadas de fluoretos, houve relatos de vidros de janelas que se tornaram opacos. As emissões de fluoretos reduziram-se consideravelmente nos últimos anos, não devido à sua preocupação com as propriedades físicas, mas sobretudo devido aos seus efeitos nocivos para a vegetação e os animais.

Materiais eléctricos e electrónicos: O mau funcionamento dos contactos eléctricos é um dos principais problemas associados à poluição atmosférica. Os contactos eléctricos de baixa potência, utilizados numa variedade de equipamentos, são bastante sensíveis, uma vez que podem ser afectados pela formação de películas isolantes pelos poluentes atmosféricos. As partículas depositadas nos interruptores podem resultar num contacto elétrico inadequado, levando à produção de faíscas. Os danos químicos diretos devidos à corrosão dos metais utilizados na indústria eléctrica e de energia representam uma ameaça ainda maior devido a falhas frequentes do equipamento e da transmissão eléctrica. O dióxido de enxofre e o sulfureto de hidrogénio podem manchar os contactos de cobre e prata. Os computadores instalados em ambientes interiores poluídos também podem falhar devido a contactos eléctricos defeituosos. O nitrato presente nas poeiras pode causar corrosão nas bases de níquel dos contactos revestidos a paládio dos interruptores de barra transversal, provocando circuitos eletricamente abertos. As partículas que se depositam nos isoladores das linhas de transmissão, em condições de elevada humidade, nevoeiro e chuva, podem provocar a condução eléctrica, conduzindo à rutura dos isoladores e à falha de energia.

Têxteis: A poluição atmosférica provoca a sujidade de tecidos e cortinas e reduz a sua vida útil e o seu aspeto estético. O dióxido de azoto e o ozono podem levar ao branqueamento de vários corantes, resultando no desbotamento das cores das roupas. O algodão, devido à sua natureza celulolítica, é o mais suscetível ao ataque de SO. Os poluentes atmosféricos gasosos são diretamente selecionados pelas fibras ou pelas partículas já retidas pelas roupas.

Couro: É particularmente afetado pelo SO, devido à formação de ácido sulfúrico na película de água superficial, levando à sua hidrólise ácida. A presença de ferro pode servir de catalisador na formação do ácido. As encadernações em couro de livros e documentos são degradadas por longas exposições a baixos níveis de SO, normalmente encontrados em espaços interiores. O couro perde gradualmente a sua resistência, fica rachado e, por fim, desintegra-se num pó castanho.

Borracha: É afetada principalmente pelo ozono, perdendo a sua elasticidade devido ao desenvolvimento de fissuras. O mecanismo de danificação da borracha envolve o ataque do ozono às ligações duplas dos polímeros de hidrocarbonetos presentes na estrutura da borracha. Algumas borrachas sintéticas com estruturas de carbono saturado são bastante resistentes ao ataque do ozono na ausência de ligações duplas. A fissuração é mais pronunciada quando a borracha é esticada, como acontece mais frequentemente nos pneus. O problema da fissuração da borracha também se fez sentir nos fios isolados de borracha utilizados nas centrais telefónicas e na transmissão de energia.

O papel: Os poluentes atmosféricos, especialmente o dióxido de enxofre, também danificam o papel, tornando-o frágil e diminuindo a sua resistência à dobragem. Os papéis, feitos de celulose e fibras artificiais, podem ser degradados por concentrações muito baixas de dióxido de enxofre. A degradação ocorre por hidrólise ácida e devido à formação de ácidos lignosulfónicos. Os documentos como os livros são particularmente susceptíveis aos ataques do dióxido de enxofre devido à sua longa duração. O papel moderno, que utiliza vários produtos químicos no seu fabrico, parece ser mais sensível à poluição atmosférica devido à presença de impurezas metálicas que catalisam a conversão do SO em ácido sulfúrico.

Capítulo 6: Controlo da poluição atmosférica

Com regulamentos ambientais cada vez mais rigorosos em todo o mundo, as empresas têm de monitorizar, registar e controlar continuamente o que é libertado para a atmosfera.

6.1 Métodos eficazes de controlo da poluição atmosférica

Alguns dos métodos eficazes para controlar a poluição atmosférica são os seguintes

1. Métodos de correção na fonte
2. Equipamento de controlo da poluição
3. Difusão de poluentes no ar
4. Vegetação
5. Zoneamento

6.1.1 Métodos de correção das fontes

As indústrias dão um contributo importante para a poluição atmosférica. A formação de poluentes pode ser evitada e a sua emissão pode ser minimizada na própria fonte.

Ao investigar cuidadosamente as fases iniciais de conceção e desenvolvimento de processos industriais, por exemplo, podem ser selecionados os métodos que têm um potencial mínimo de poluição atmosférica para realizar o controlo da poluição atmosférica na própria fonte. Estes métodos de correção na fonte são:

6.1.1.1 Substituição de matérias-primas

Se a utilização de uma determinada matéria-prima resultar em poluição atmosférica, esta deve ser substituída por outra matéria-prima de grau mais puro que reduza a formação de poluentes.

- O combustível com baixo teor de enxofre, que tem um menor potencial de poluição, pode ser utilizado como alternativa aos combustíveis com alto teor de enxofre e,
- O gás de petróleo liquefeito (GPL) ou o gás natural liquefeito (GNL), comparativamente mais refinado, pode ser utilizado em vez dos combustíveis tradicionais com elevado teor de contaminantes, como o carvão.

6.1.1.2 Modificação do processo

O processo existente pode ser alterado através da utilização de técnicas modificadas para controlar as emissões na fonte.

- Se o carvão for lavado antes da pulverização, as emissões de cinzas volantes são consideravelmente reduzidas.
- Se a entrada de ar da fornalha da caldeira for ajustada, o excesso de emissões de cinzas volantes nas centrais eléctricas pode ser reduzido.

6.1.1.3 Modificação do equipamento existente

A poluição atmosférica pode ser consideravelmente minimizada através de modificações adequadas no equipamento existente.

- Por exemplo, o fumo, o monóxido de carbono e os fumos podem ser reduzidos se os fornos de soleira aberta forem substituídos por fornos de oxigénio de base controlada ou fornos eléctricos.

Nas refinarias de petróleo, a perda de vapores de hidrocarbonetos dos tanques de armazenamento devido à evaporação, às alterações de temperatura ou à deslocação durante o enchimento, etc., pode ser reduzida através da conceção de tanques de armazenamento com coberturas de teto flutuante.

6.1.1.4 Manutenção do equipamento

Uma quantidade apreciável de poluição é causada por uma manutenção deficiente do equipamento, que inclui a fuga em torno de condutas, tubos, válvulas e bombas, etc. A emissão de poluentes devido a negligência pode ser minimizada através de um controlo de rotina dos vedantes e das juntas.

6.1.2 Equipamento de controlo da poluição

Por vezes, o controlo da poluição na fonte não é possível através da prevenção da emissão de poluentes. Torna-se então necessário instalar equipamento de controlo da poluição para remover os poluentes gasosos do fluxo principal de gás. Os poluentes estão presentes em alta concentração na fonte e, à medida que a sua distância da fonte aumenta, diluem-se por difusão com o ar ambiente.

Os equipamentos de controlo da poluição são geralmente classificados em dois tipos

    Dispositivos de controlo de contaminantes particulados

    Dispositivos de controlo de contaminantes gasosos

O fluxograma do equipamento de controlo da poluição é o seguinte

No presente capítulo, apenas são abordados os dispositivos de controlo de contaminantes particulados.

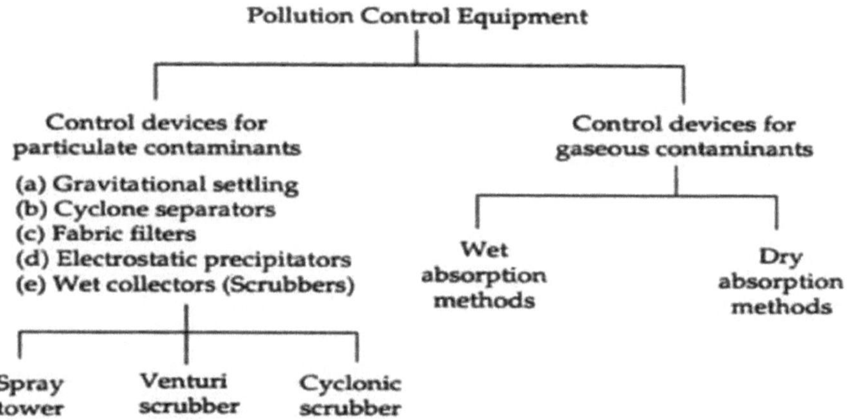

6.1.2.1 Dispositivos de controlo de contaminantes particulados

São utilizados muitos tipos diferentes de equipamento, cada um deles dependente de muitos factores diferentes.

6.1.2.1.1 Câmara de decantação gravitacional

Para a remoção de partículas de dimensão superior a 50 µm de fluxos de gás poluídos, são utilizadas câmaras de decantação gravitacional (figura 5.1).

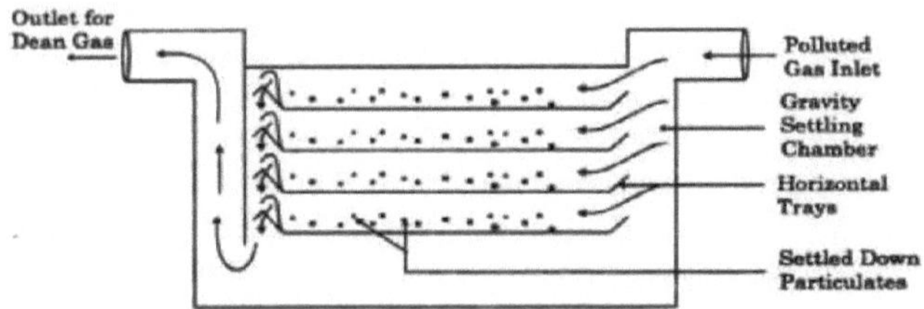

(Figura 5.1: Câmara de decantação gravitacional)

Este dispositivo é constituído por enormes câmaras rectangulares. O fluxo de gás poluído com partículas entra por uma das extremidades. A velocidade horizontal do fluxo de gás é mantida baixa (inferior a 0,3 m/s), a fim de dar tempo suficiente para as partículas se depositarem por gravidade. As partículas de maior densidade obedecem à lei de Stokes e depositam-se na parte inferior da câmara, de onde acabam por ser removidas. As várias prateleiras ou tabuleiros horizontais melhoram a eficiência da recolha, encurtando o percurso de sedimentação das partículas.

6.1.2.1.2 Separador de ciclones

Em vez da força gravitacional, os separadores de ciclones utilizam a força centrífuga para separar as partículas do gás poluído. A força centrífuga, várias vezes superior à força gravitacional, pode ser gerada por um fluxo de gás em rotação e esta qualidade torna os separadores de ciclones mais eficazes na remoção de partículas muito mais pequenas do que as que podem ser removidas por câmaras de decantação gravitacional.

Um separador de ciclones simples (figura 5.2) é constituído por um cilindro com uma base cónica. Na base do cone existe uma entrada tangencial que descarrega perto do topo e uma saída para descarregar as partículas.

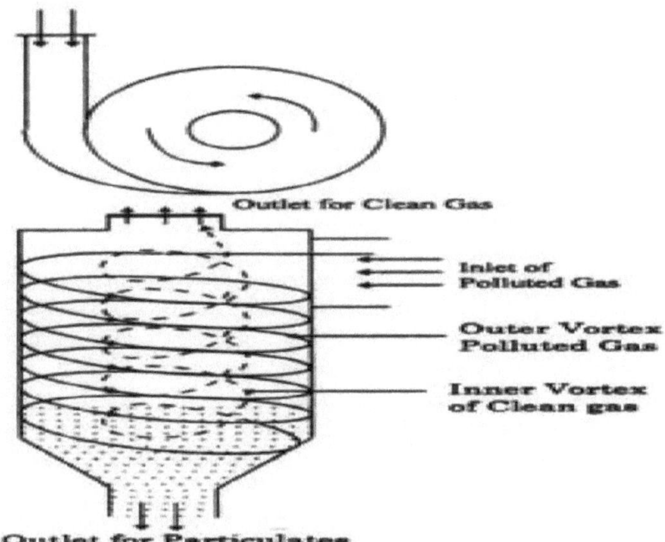

(Figura 5.2: Separador de ciclones)

O gás carregado de poeiras entra tangencialmente, recebe um movimento de rotação e gera uma força centrífuga devido à qual as partículas são atiradas para as paredes do ciclone à medida que o gás sobe em espiral no interior do cone (ou seja, o fluxo inverte para formar um vórtice interior que deixa o fluxo através da saída). As partículas deslizam pelas paredes do cone e são descarregadas pela saída.

6.1.2.1.3 Filtros de tecido (filtros de manga)

Num sistema de filtro de tecido, um fluxo de gás poluído é feito passar através de um tecido que filtra as partículas poluentes e permite a passagem do gás limpo. As partículas são deixadas sob a forma de um fino tapete de pó no interior do saco. Este tapete de poeiras actua como um meio filtrante para uma maior remoção das partículas, aumentando a eficiência do saco de filtração para filtrar mais partículas submicrónicas (0,5 µm).

Um filtro típico (figura 5.3) é um saco tubular fechado na extremidade superior e com uma tremonha ligada à extremidade inferior para recolher as partículas quando estas se desprendem do tecido. Muitos destes sacos são pendurados numa casa de sacos. Para uma filtragem eficaz e uma vida útil mais longa, os sacos filtrantes devem ser limpos ocasionalmente por um agitador mecânico, a fim de evitar a acumulação de demasiadas camadas de partículas nas superfícies internas do saco.

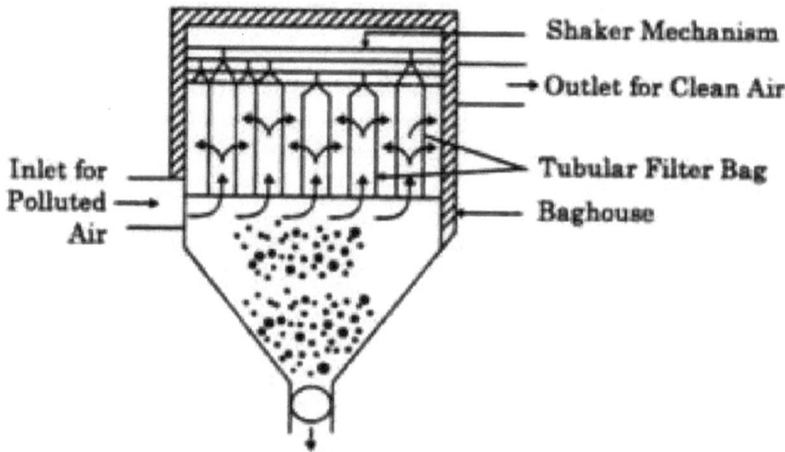

(Figura 5.3: Filtros de tecido (filtros de manga)

6.1.2.1.4 Precipitadores electrostáticos

O precipitador eletrostático (figura 5.4) funciona segundo o princípio da precipitação eletrostática, ou seja, as partículas eletricamente carregadas presentes no gás poluído são separadas do fluxo de gás sob a influência do campo elétrico. Um precipitador típico de fios e tubos é constituído por

Uma superfície coletora com carga positiva (ligada à terra)

Um fio de elétrodo de descarga de alta tensão (50 KV)

Isolador para suspender o fio do elétrodo a partir do topo

Um peso na parte inferior do fio do elétrodo para manter o fio em posição

O gás poluído entra pelo fundo, flui para cima (ou seja, entre o fio de alta tensão e a superfície coletora ligada à terra). A alta tensão no fio ioniza o gás. Os iões negativos migram em direção à superfície ligada à terra e transmitem a sua carga negativa também às partículas de poeira. Em seguida, estas partículas de poeira carregadas negativamente são atraídas electrostaticamente para a superfície do coletor carregada positivamente, onde acabam por se depositar.

A superfície coletora é batida ou vibrada para remover periodicamente as partículas de poeira recolhidas, de modo a que a espessura da camada de poeira depositada não exceda 6 mm, caso contrário a atração eléctrica torna-se fraca e a eficiência do precipitador eletrostático é reduzida.

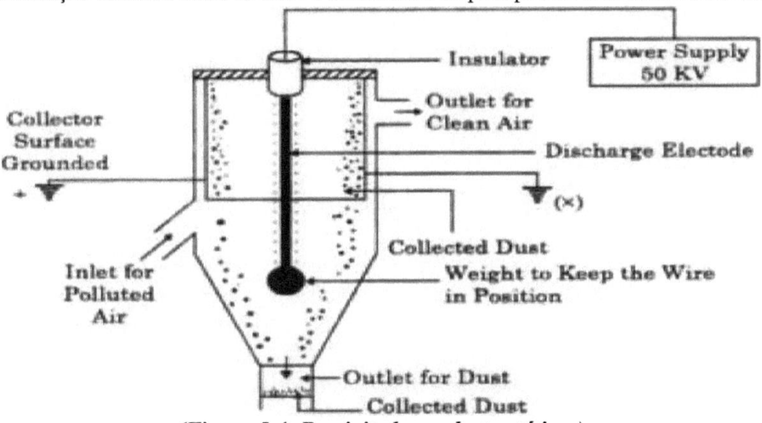

(Figura 5.4: Precipitadores electrostáticos)

Uma vez que a precipitação eletrostática tem uma eficiência de 99% e pode funcionar a altas temperaturas (600°C) e a uma pressão que requer menos energia, é económica e simples de utilizar em comparação com outros dispositivos.

6.1.2.1.4 Colectores húmidos (depuradores)

Nos colectores ou depuradores húmidos, as partículas contaminantes são removidas do fluxo de gás poluído através da incorporação das partículas em gotículas de líquido. Os depuradores húmidos comuns são

Torre de pulverização
Depurador Venturi
Depurador ciclónico

6.1.2.4.1 Torre de pulverização

A água é introduzida numa torre de pulverização (figura 5.5.) por meio de um bico de pulverização (ou seja, há um fluxo descendente de água). À medida que o gás poluído flui para cima, as partículas (tamanho superior a 10 μm) presentes colidem com as gotículas de água que estão a ser pulverizadas para baixo a partir dos bicos de pulverização. Sob a influência da força gravitacional, as gotículas de líquido que contêm as partículas depositam-se no fundo da torre de pulverização.

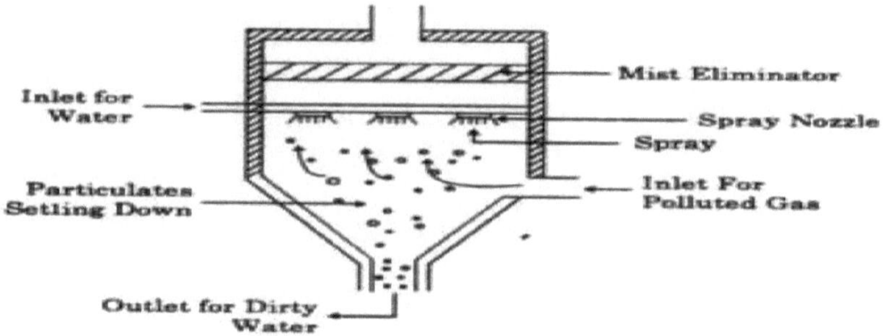

(Figura 5.5: Torre de pulverização)

6.1.2.4.2 Depurador Venturi

As partículas submicrónicas (tamanho 0,5 a 5 µη) associadas ao fumo e aos fumos são removidas de forma muito eficaz pelos depuradores Venturi, que são altamente eficientes. Um depurador Venturi tem uma secção de garganta em forma de Venturi (figura 5.6). O gás poluído passa para baixo através da garganta a uma velocidade de 60 a 180 m/s.

Uma corrente de água grossa é injectada para cima na garganta, onde é atomizada (ou seja, quebra a água em gotículas) devido ao impacto da alta velocidade do gás. As gotículas de líquido colidem com as partículas do fluxo de gás poluído.

As partículas ficam presas nas gotículas e caem para serem removidas mais tarde. Os depuradores Venturi também podem remover contaminantes gasosos solúveis. Devido à atomização da água, há um contacto adequado entre o líquido e o gás, aumentando a eficiência do depurador Venturi (o seu custo energético é elevado devido à alta velocidade do gás de entrada).

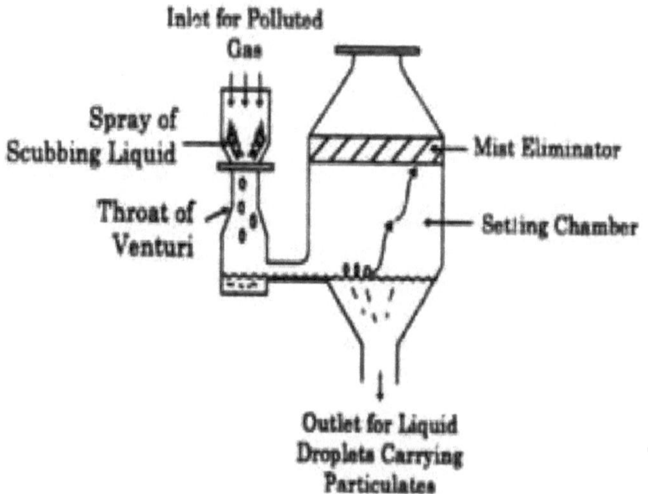

(Figura 5.6: Depurador Venturi ligado a um separador de ciclones)

Para separar as gotículas que transportam as partículas do fluxo de gás, esta mistura gás-líquido no depurador Venturi é então direcionada para um dispositivo de separação, como um separador ciclónico.

6.1.2.4.3 Depurador de ciclones

A câmara de ciclones secos pode ser convertida num lavador de ciclones húmidos através da inserção de bocais de pulverização de alta pressão em vários locais da câmara seca (figura 5.7).

Os bicos de pulverização de alta pressão geram uma pulverização fina que intercepta as pequenas partículas no gás poluído. A força centrífuga atira estas partículas para a parede, de onde são drenadas para o fundo do purificador.

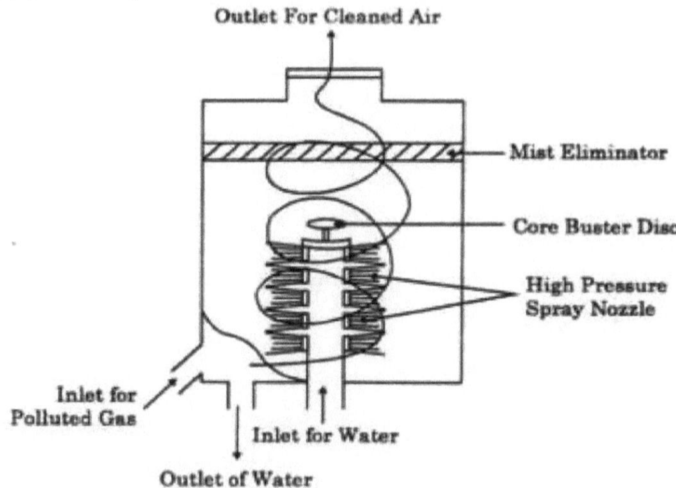

(Figura 5.7: Depurador ciclónico)

6.1.3 Difusão de poluentes no ar

A diluição dos contaminantes na atmosfera é outra abordagem para o controlo da poluição atmosférica. Se a fonte de poluição libertar apenas uma pequena quantidade de contaminantes, então a poluição não é percetível, uma vez que estes poluentes se difundem facilmente na atmosfera, mas se a quantidade de contaminantes do ar ultrapassar a capacidade limitada do ambiente para absorver os contaminantes, então a poluição é causada.

No entanto, a diluição dos contaminantes na atmosfera pode ser conseguida através da utilização de chaminés altas que penetram nas camadas atmosféricas superiores e dispersam os contaminantes de modo a que a poluição ao nível do solo seja grandemente reduzida. A altura das chaminés é geralmente 2 a 21/2 vezes superior à altura das estruturas próximas. A diluição dos poluentes no ar depende da temperatura atmosférica, da velocidade e da direção do vento. A desvantagem do método é que se trata de uma medida de contacto a curto prazo que, na realidade, produz efeitos a longo prazo altamente indesejáveis.

Isto deve-se ao facto de a diluição apenas diluir os contaminantes para níveis em que os seus efeitos nocivos são menos perceptíveis perto da sua fonte original, ao passo que a uma distância considerável da fonte esses mesmos contaminantes acabam por se reduzir de uma forma ou de outra.

6.1.4 Vegetação

As plantas contribuem para o controlo da poluição atmosférica ao utilizarem o dióxido de carbono e libertarem oxigénio no processo de fotossíntese. Este processo purifica o ar (remoção do poluente gasoso - CO_2) para a respiração do homem e dos animais. Os poluentes gasosos como o monóxido de carbono são fixados por algumas plantas, nomeadamente, Coleus Blumeri, Ficus variegate e Phascolus Vulgaris. Espécies de pinheiros, queues, piros, zimbros e vitus despoluem o ar metabolizando os óxidos de azoto. Devem ser plantadas muitas árvores, especialmente em redor das zonas classificadas como zonas de alto risco de poluição.

6.1.5 Zoneamento

Este método de controlo da poluição atmosférica pode ser adotado na fase de planeamento da cidade. O zonamento preconiza a criação de zonas separadas para as indústrias, de modo a que estas fiquem afastadas das zonas residenciais. As indústrias pesadas não devem ser instaladas demasiado perto umas das outras. As novas indústrias devem, na medida do possível, ser instaladas longe das grandes cidades (o que também permitirá controlar a crescente concentração da população urbana apenas num pequeno número de grandes cidades) e as decisões de localização das grandes indústrias devem ser orientadas pelo planeamento regional. A zona industrial de Bangalore está dividida em três zonas: indústrias ligeiras, médias e grandes. Em Bangalore e Deli não são permitidas indústrias muito grandes.

6.2 Emissões de COV (produtos químicos orgânicos voláteis)
6.2.1 Concentrações elevadas de COV (>500 ppm)

São geralmente utilizados três tipos de tratamento para fluxos com elevadas concentrações de COV: Condensação de Vapor Refrigerado, Adsorção de Vapor de Solvente e Queima. O método escolhido depende das concentrações de libertação permitidas e do valor do solvente. A condensação de vapor refrigerado pode significar a condensação a temperaturas tão baixas como -80 ºC. Devido ao elevado custo da refrigeração, esta opção é normalmente reservada para solventes caros cuja recuperação possa justificar os elevados custos de funcionamento. A adsorção de vapor de solvente é uma aplicação mais comum em que o gás que contém COV é borbulhado através de um solvente orgânico que aceita o COV no fluxo de gás. Os COV são então libertados do solvente pelo calor e por um vácuo parcial. Podem então ser condensados a uma temperatura muito mais elevada do que no método refrigerado, na ausência de grandes quantidades de inserções. Um exemplo disto pode ser a popular remoção de propano utilizando MTBE como solvente. Os flares podem ser utilizados para lidar com picos de fluxo e concentração, juntamente com outros métodos de recuperação de concentrações elevadas de COV. A combustão (e, por conseguinte, a perda) de COV produz emissões de NOx e é normalmente inaceitável como único meio de eliminar COV de fluxos altamente concentrados.

6.2.2 Concentrações moderadas de COV (100-500 ppm)

Para concentrações moderadas de COV, é utilizada a incineração ou a adsorção regenerativa de carbono. A temperaturas entre 750-1000 ºC, os COV são normalmente destruídos a uma taxa de 99%. Normalmente, é utilizado um permutador de calor para pré-aquecer o fluxo de gás com o gás de combustão para poupar nos custos de combustível para o incinerador (imagem à esquerda). Vale a pena mencionar que a presença de cloretos pode exigir um material mais exótico para o incinerador e o permutador de calor. Os incineradores catalíticos podem poupar nos custos de combustível ao destruírem os COV na superfície de um catalisador a 430 ºC. Com custos de capital semelhantes, a despesa extra é geralmente nos catalisadores. Além disso, os fluxos que contêm cloretos podem produzir HCl quando queimados e o ácido pode atacar alguns catalisadores. Antes de se utilizar a incineração catalítica, é necessário abordar outras questões relacionadas com a capacidade de compressão. A adsorção regenerativa de carbono consiste na passagem de um fluxo de gás através de um leito de carvão ativado. Os COV são adsorvidos no carvão. A regeneração consiste na remoção com vapor a baixa pressão, seguida de secagem ao ar. A água e os COV são recuperados por condensação. Este método pode atingir uma eficácia de 99% para concentrações de COV de 10 a várias centenas de partes por milhão. A economia favorece normalmente este processo quando os COV são insolúveis em água e são líquidos à temperatura ambiente. A adsorção de carbono não é uma boa opção para substâncias orgânicas gasosas (à temperatura ambiente), correntes de ar superiores a 38 °C ou 50% de humidade relativa. Nestas condições, os COV não se ligam bem ao carbono. A utilização da adsorção de carbono para cetonas também não é recomendada devido à sua tendência para polimerizar na superfície do carbono, desactivando assim o carbono.

6.2.3 Concentrações baixas de COV (<100 ppm)
Os baixos fluxos de ar que contêm baixas concentrações de COV são normalmente passados através de recipientes descartáveis de carvão ativado. Estes recipientes são comprados ao fornecedor e os recipientes usados são trocados por recipientes novos (ou seja, os fornecedores tratam normalmente do processo de regeneração). O carvão ativado tem normalmente uma capacidade de carga de 0,3 lbs de COV por libra de carvão a 100 ppm e 0,15 lbs de COV por libra de carvão a 5 ppm. O custo típico do carbono é de 2,30 a 2,60 dólares por libra. Com caudais mais elevados, podem ser necessárias combinações de adsorção-incineração de carbono.

6.3 Emissões de NOx
Os óxidos de azoto são produtos de todos os processos de combustão convencionais. São também um alvo de muitas regulamentações ambientais, e com boas razões.

6.3.1 Redução catalítica selectiva (SCR)
Em suma, a SCE é um processo para reduzir os NOx a azoto e água com amoníaco na presença de um catalisador entre 540-840 0F (282-449 0C). O amoníaco é normalmente injetado numa relação molar de 1:1 com os contaminantes NOx. O amoníaco é utilizado devido à sua tendência para reagir apenas com os contaminantes e não com o oxigénio no fluxo de gás. O amoníaco é injetado por meio de gás comprimido ou de transportadores de vapor. Foram registadas eficiências próximas de 90% com a SCR.

6.3.1 Exxon Thermal DeNOx
Semelhante à SCR, o processo Exxon Thermal DeNOx utiliza a reação NOx/amoníaco. No entanto, este processo não utiliza um catalisador para auxiliar a reação. Em vez disso, são utilizadas temperaturas rigorosamente controladas para orientar as reacções. As temperaturas óptimas de reação encontram-se entre 1600 0F (871 0C) e 1800 0F (981 0C). Abaixo da gama de temperaturas óptimas, o amoníaco não reage totalmente e pode ser libertado no gás de combustão. Acima da temperatura óptima, a seguinte reação concorrente pode começar a ter lugar:

$$NH3 + 5/4\ O2 ---> NO + 3/2\ H2O$$

Neste processo, o amoníaco é injetado numa proporção molar de 2:1.

6.4 Dispositivos de controlo eficaz da poluição atmosférica
6.4.1 Depuradores
Purificador por pulverização

- ■ Esfregão ciclónico
- ■ Ejetor   venturiscrubber
- Depurador assistido mecanicamente
- ■ Torre de pulverização
- ■ Depurador húmido

6.4.2 Controlo dos NOx

- Queimadores com baixo teor de NOx
- Redução catalítica selectiva (SCR)
- ■ Redução não-catalítica selectiva (SNCR)
- Depuradores de NOx
- Recirculação dos gases de escape
- Conversor catalítico (também para controlo de COV)

6.4.3 Redução de COV

- Sistemas de adsorção, como o carvão ativado
- Clarões
- ■ Oxidantes térmicos
- ■ Catalisadores
- Bio-filtros
- Absorção (depuração)
- Condensadores criogénicos
- Sistemas de recuperação de vapor

6.4.4 Controlo do gás ácido/SO2

- Depuradores húmidos
- Lavadores a seco
- Dessulfurização de gases de combustão

6.4.5 Controlo do mercúrio

- Tecnologia de injeção de sorvente
- Oxidação electro-catalítica (ECO)
- K-Fuel

6.4.6 Controlo das dioxinas e dos furanos

Os estudos de combustão indicam que os compostos de dioxinas e furanos são destruídos quando a temperatura do gás excede aproximadamente 1400°F. De facto, a oxidação destes compostos é concluída a temperaturas mais baixas do que algumas outras formas de compostos parcialmente oxidados, conforme indicado na figura. Estas temperaturas existem normalmente nas zonas de combustão dos incineradores e das caldeiras alimentadas a combustíveis fósseis.

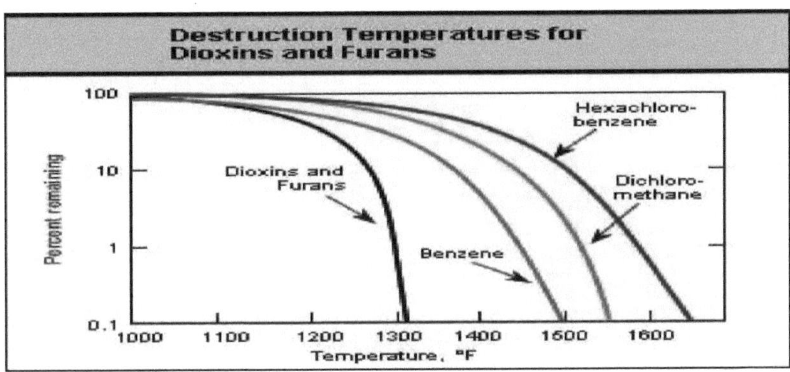

Os mecanismos de formação diminuem para taxas insignificantes quando a temperatura do fluxo de gás desce abaixo dos 400°F. Por conseguinte, assegurar que o fluxo de gás é suficientemente arrefecido antes do sistema de controlo da poluição atmosférica pode eliminar este mecanismo de formação. O arrefecimento é efectuado no equipamento de recuperação de calor (economizadores e pré-aquecedores de ar) ou nas caldeiras de calor residual do incinerador.

A melhor forma de controlar as emissões de dioxinas e furanos é evitar a sua formação, reduzindo ou eliminando o cloro presente no combustível e nos resíduos queimados.

6.4.7 Equipamento diverso associado

Sistemas de captação de fontes

Sistemas de monitorização contínua das emissões (CEMS)

Referências

Andersen Z. J., K. Bonnelykke, M. Hvidberg, S. S. Jensen, M. Ketzel, S. Loft, O. Raaschou-Nielsen, 2012. Exposição a longo prazo à poluição do ar e hospitalizações por asma em adultos mais velhos: um estudo de coorte. Thorax 67, 6-11.

Comité de Saúde Ambiental, 2004. Poluição do ar ambiente: Health Hazards to Children (Riscos para a saúde das crianças). Pediatrics 114 (6), 1699-1707.

Comité da Assembleia de Saúde Ambiental e Ocupacional da American Thoracic Society, 1996. Health effects of outdoor air pollution (Efeitos da poluição do ar exterior na saúde). American journal of respiratory and critical care medicine 153(1), 3-50.

Farrah J. M. e R. D. Brook, 2011. A poluição atmosférica como um fator de risco global emergente para o AVC. The Journal of the American Medical Association 23/30, 2011, 305(12).

Gehring U., A. H. Wijga, M. Brauer, P. Fischer, J. C. Jongste, M. Kerkhof, B. Brunekreef, 2010. Traffic-related air pollution and the development of asthma and allergies during the first 8 years of life. American journal of respiratory and critical care medicine, 181(6), 596-603.

Goss C. H., S. A. Newsom, J. S. Schildcrout, L. Sheppard e J. D. Kaufman, 2004. Effect of ambient air pollution on pulmonary exacerbations and lung function in cystic fibrosis (Efeito da poluição do ar ambiente nas exacerbações pulmonares e na função pulmonar na fibrose quística). American Journal of Respiratory and Critical Care Medicine 169 (7), 816821.

Câmara dos Comuns, Comité de Auditoria Ambiental, quinto relatório de 2010. Qualidade do Ar. http://www.publications.parliament.uk/pa/cm200910/cmselect/cmenvaud/229/22902 .htm. Avaliado em 12.03.2011.

Poluição do ar interior e energia doméstica. OMS e PNUA, 2011. http://www.who.int/heli/risks/indoorair/indoorair/en/index.html. Avaliado em 17.04.2011.

Inalação de poluição atmosférica ultrafina por bebés associada a doença pulmonar em adultos. Centro de Ciências da Saúde da Universidade Estadual do Louisiana. http://www.sciencedaily.com/releases/2009/07/090722123751.htm. Avaliado em 12.03.2011.

O Guardian. Estudo associa a poluição do tráfego a milhares de mortes. *The Guardian,* Londres, Reino Unido (Guardian Media Group). http://www.guardian.co.uk/society/2008/apr/15/health. Avaliado em 25.08.2011.

Organização Mundial de Saúde (OMS). Qualidade do ar e saúde. http://www.who.int/mediacentre/factsheets/fs313/en/index.html. Avaliado em 05.06.2011.

Yadav A. K., e A. Jamal, 2015. Impacto das encostas de despejo na poluição do ar nas minas e suas gestões. SSIOMCE15, Actas do Seminário de Toda a Índia sobre Questões de Estabilidade de Taludes em Minas a Céu Aberto e Engenharia Civil SSIOMCE15 25-26 de julho de 2015 Organizado pelo Departamento de Engenharia Mineira, NIT, Rourkela. 180 - 183.

Yadav A. K., S K Sahoo, A. V. Kumar, J. S. Dubey, P. Lenka, D. V. Sagar e R. M. Tripathi, 2015. Caracterização química e variações de material particulado numa área residencial costeira próxima de uma mina de areia de praia no distrito de Ganjam de Odisha, Índia. Environmental Quality Management 24(3), 71 - 91.

Yadav A., 2015. Elemental composition and source apportionment of suspended particulate matters and health risk assessment in mining and nonmining areas of Odisha, India [Composição elementar e repartição das fontes de partículas em suspensão e avaliação dos riscos para a saúde em zonas mineiras e não mineiras de Odisha, Índia]. Journal of Hazardous, Toxic, and Radioactive Waste 19(3), 04014037.

Yadav, A. K., S. K. Sahoo, A. C. Patra, J. S. Dubey, P. Lenka, A. V. Kumar, D. V. Sagar e R. M. Tripathi, 2014. Identificação da fonte de material particulado e ingestão associada de elementos por inalação numa área industrial de Odisha, Índia. Toxicological & Environmental Chemistry 96(3) 410 - 425.

Yadav A. K., S. K. Sahoo, A. V. Kumar e G. Pandey, 2013. Variação espacial e temporal do material particulado com altura em áreas residenciais e de mineração de areia no distrito de Ganjam de Odisha, Índia. Revista Internacional de Investigação em Ciências do Ambiente, 2(12), 19-24.

More
Books!

info@omniscriptum.com
www.omniscriptum.com
OMNIScriptum

Printed by Books on Demand GmbH, Norderstedt / Germany